AI 多媒体

AI 脚本 +AI 绘图 +AI 视频 +AI 音乐
商用实战 100 例

金李娜 ◎ 著

江西科学技术出版社
江西·南昌

图书在版编目（CIP）数据

AI 多媒体：AI 脚本+AI 绘图+AI 视频+AI 音乐商用实战100 例 / 金李娜著. -- 南昌：江西科学技术出版社，2025. 3. -- ISBN 978-7-5390-9466-3

Ⅰ. TP37

中国国家版本馆 CIP 数据核字第 2025Z0K312 号

AI多媒体：AI脚本+AI绘图+AI视频+AI音乐商用实战100例
AI DUOMEITI:
AI JIAOBEN + AI HUITU + AI SHIPIN + AI YINYUE
SHANGYONG SHIZHAN 100 LI

金李娜　著

出版 发行	江西科学技术出版社
社址	南昌市蓼洲街2号附1号
	邮编：330009　电话：（0791）86623491　86639342（传真）
印刷	三河市双升印务有限公司
经销	全国新华书店
开本	710 mm × 1000 mm　1/16
字数	250千字
印张	15.25
版次	2025年3月第 1 版
印次	2025年3月第 1 次印刷
书号	ISBN 978-7-5390-9466-3
定价	78.00元

国际互联网（Internet）地址：http://www.jxkjcbs.com　　选题序号：KX2025088　　赣版权登字：-03-2025-43
责任编辑：徐易羚　　　总策划：杨　青　　　出版统筹：柴占伟
策划编辑：杜若婷　任　楷　装帧设计：张　晴　章　越
版权所有　侵权必究
（赣科版图书凡属印装错误，可向承印厂调换）

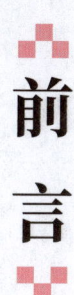

前言

近几年来，人工智能成为一个无论如何也躲不开的命题。生成式 AI 的飞速发展使人工智能从幕后走到了前台，每一个普通人都能深切地体会到智能科技为我们的生活带来的改变。

多媒体创作领域受到的冲击是最直接的，从文本生成模型出现开始，绘画模型、视频生成模型再到音乐生成模型，几乎所有的创作模式都面临着新时代新技术的冲击，AI 的出现使曾经只属于专业艺术家、音乐人和视频制作人的工作变得逐渐向普通人靠拢。借助这个时代的契机，本书想要为广大读者提供一个实用的指南，帮助大家理解并学会使用 AI 工具来实现从文本生成、绘画、视频创作到音乐制作的全方位创造力释放。

传统的创作方式往往受到诸多限制，时间、资金和专业技能所造成的壁垒都可能成为阻挡人们迈出那一步的高墙。而生成式 AI 的发展打破了这些传统的门槛，通过简单的提示词和指令，普通人也能快速生成令人惊叹的作品。但人工智能并不是在替代人类的创造力，AI 的加入并不意味着创作者角色的弱化，相反，它要求我们以新的方式思考、学习和创新。

尽管生成式 AI 的能力非常强大，但它依然是工具而不是主导，使用 AI 工具进行创作依旧需要人类的构思与设计，需要创作者的选择和判断。本书不是单纯地教大家按部就班地操作某个工具，而是希望通过实战案例引导大家理解创作背后的思维逻辑，将 AI 工具的使用融入自己的创作习惯之中。正如一支画笔不会自动创作出伟大的画作一样，AI 也需要人们的创意和想法来赋予其生命力。

笔者始终认为，生成式 AI 为我们提供了一个空前绝后的机会去重新审视艺术创作的定义。AI 的生成过程不仅是技术的呈现，更是人与机器之间的一种协作，是创意的延伸与发展。AI 的真正力量在于它能够激发我们突破固有的创作思维，从而催生出更多前所未有的可能性。它的存在鼓励我们不断挑战自己，打破常规，找到新的表达方式，探索人类想象力的边界。它是我们创作工具箱中的一部分，而非取代我们的创造力。

通过 AI 辅助，我们能够节省更多的时间和精力，将这些资源投入创意的核心部分——构思、设计和细节打磨之中。这也为专业创作者和初学者提供了一个更加平等的创作环境，帮助他们缩短学习曲线，更快地投入实际创作中。在这个过程中，技术和艺术之间的界限正在逐渐模糊，创造力不再局限于技术的掌握，而更多地取决于想法的独特性和表达的深度。

无论是艺术领域的从业者，还是刚刚对 AI 创作萌生兴趣的初学者，希望这本书能够为你打开 AI 创作的大门，并激励你勇敢探索，创造出属于自己的独特作品。笔者希望各位读者朋友能通过这本书，深入理解 AI 的工作原理与应用方式，不仅能掌握工具的使用技巧，更能从中找到属于你自己的创作风格和方法。让我们在这场技术与创意的交汇中，感受生成式 AI 带来的改变与惊喜，共同见证创作世界的新纪元。

目　录

AI 脚本编

1 文本生成入门

001　注册与登录　　　　　　　　　　　　4
002　提出我们的第一个问题　　　　　　　5
003　对话管理　　　　　　　　　　　　　6
004　文件上传　　　　　　　　　　　　　7
005　使用指令中心　　　　　　　　　　　9

2 文本 AI 进阶使用指南

006　AI 活动策划：语义保持清晰明确　　14
007　AI 帮创业：角色扮演　　　　　　　19
008　AI 写小说：拆分步骤，顺序执行　　23
009　小红书笔记创作：文本模仿　　　　27
010　制作广告文案：指定文稿的输出长度　30
011　论文总结：文本内容提取　　　　　33
012　学术创作：使用提取的文本内容进行写作　36
013　自我检查：利用 AI 检测生成结果　　38
014　随身助理：移动端 AI 使用方法　　42

3 AI 脚本生成实战

015　确立选题方向　　　　　　　　　　50
016　创建选题库　　　　　　　　　　　54
017　脚本故事大纲生成　　　　　　　　56
018　生成完整的故事　　　　　　　　　58

019	分镜稿脚本大纲设计	60
020	具体的分镜实现	63
021	视频引言	65

AI 绘图编

4 AI 绘画的入门

022	绘画工具简介	70
023	生成我们的第一幅 AI 绘画	75
024	Upscale 命令	77
025	Vary 命令	79
026	画布扩展命令	81

5 绘画提示词详解

027	提示词的整体结构	86
028	使用图像提示	87
029	基础文本提示词	89
030	文本提示词进阶	90
031	注意力放在想要的内容上	92
032	角色名词的前后关系	94
033	AI 文本生成与绘画提示词	95
034	提示词扩展	97

6 AI 绘画中的常用参数

035	宽高比参数 --ar	102
036	模型版本参数 --version	104
037	角色参考参数 --cref	106
038	样式参考参数 --sref	109
039	三种图像参考方式之间的差异	111

040	否定提示参数 --no	113
041	绘画质量参数 --quality	115
042	原生风格参数 --style raw	116
043	混沌度参数 --chaos	117
044	风格化参数 --stylize	118
045	怪异度参数 --weird	120
046	图像风格参数之间的对比	122
047	拼贴参数 --tile	123
048	重复生成参数 --repeat	125
049	种子控制参数 --seed	126
050	停止参数 --stop	128
051	视频参数 --vedio	130
052	个性化风格参数 --personalize	132

AI 视频编

7 视频生成入门

053	注册与登录	136
054	认识视频生成工具的界面	137
055	生成我们的第一个视频	139

8 文生视频详解

056	提示词结构解析	144
057	画面参数设置	146
058	运镜控制设置	149
059	负面提示词	151

9 图生视频详解

| 060 | 图生视频的提示词结构 | 156 |

061	图片上传	158
062	设置首尾帧	159
063	运动笔刷控制	162

10 视频生成实例

064	延时摄影与高速镜头	168
065	镜头运动与场景逻辑	169
066	特殊镜头效果	170
067	微距摄影	171
068	人物的面部表情与嘴部动作	172
069	古风摄影	173

AI 音乐编

11 AI 音乐生成入门

070	平台登录与注意事项	178
071	创作模块简介	180
072	收藏模块简介	182
073	探索模块简介	183

12 音乐生成工作流

074	生成我们的第一首音乐作品	186
075	结果编辑	188
076	生成结果的下载与删除	190
077	纯音乐生成	191
078	自定义生成模式	192
079	歌词编辑	193
080	音乐风格设置	195

| 081 | 排除风格设置 | 196 |
| 082 | 乐曲标题设置 | 197 |

13 元标签的作用与用法

083	什么是元标签	200
084	结构性标签	202
085	功能段落标签	204
086	古典音乐标签	206
087	音乐发展标签	208
088	演奏形式标签	210
089	音乐元素标签	211
090	乐器标签	212
091	演唱标签	213
092	段落风格标签	214
093	情绪标签	215
094	环境音效标签	216

14 Suno 的进阶使用技巧

095	使用文本模型辅助创作	220
096	歌曲拓展	224
097	上传音频进行创作	227
098	歌曲裁切	229
099	替换某一段内容	230
100	分离人声部分与器乐部分	232

后记　　　　　　　　　　　　　　233

AI
脚本编
Script

　　文字是人类交流和表达思想的基础，随着人工智能的飞速发展，文本生成 AI 正在改变着人们创作和处理文字的方式。本编将深入探讨如何有效地运用这些模型来增强内容创作的能力，以及如何快速地将 AI 投入日常生活与工作中去。

文本生成入门

本章是 AI 脚本编的热身环节,我们将以最快的速度告诉大家如何掌握文本生成 AI 的基本使用方法。

现如今市面上已经有了非常多的 AI 产品,国外的有 OpenAI 的 ChatGPT,这是最有知名度的一款文本生成 AI,也是这个阶段大模型崛起的起点。

国内的模型在经过了一段时间的积累之后,生成能力已经不输于国外的一流大模型。尤其是在中文的语境下,国内模型在语言表现上更是完成了超越。而反观国外的这些 AI,出于某些原因,现在还没有办法直接使用。综合多方面考虑,本书在脚本编选择的是国产模型通义千问。

001
注册与登录

想要使用这些 AI 工具,首先得完成注册。进入通义千问的官方欢迎页面,点击页面右上角的"去通义官网体验"(图 1-1)。

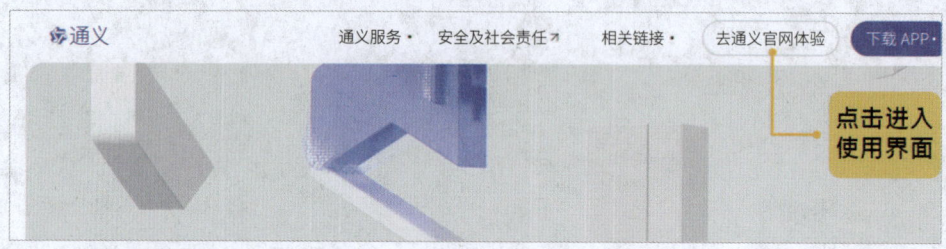

图 1-1 欢迎页面

接下来就来到了模型的应用界面。此时还没有办法正常使用 AI 的各项功能,需要进一步完成账号注册。

点击左下角的"立即登录"会弹出一个登录框,填入各项所需的信息,完成账号注册,注册完成之后就可以使用 AI 来生成文本了(图 1-2)。

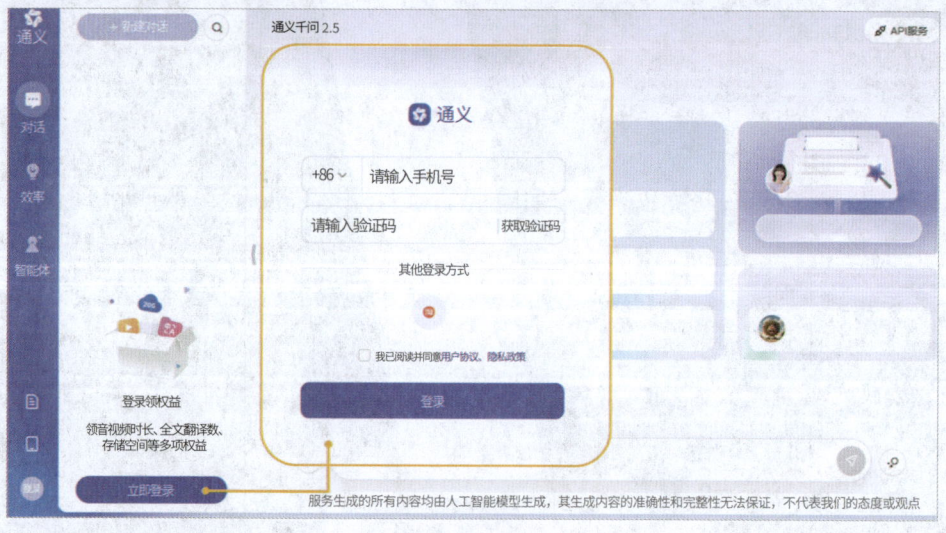

图 1-2 登录

002
提出我们的第一个问题

图 1-3 展示的界面我们称之为聊天界面，这里是与 AI 交流的主要界面。界面最下方是一个文本输入框，把想要告诉 AI 的内容在这里进行输入，输入完成后按下回车，或者点击右侧的发送按钮即可将文本输入给大模型。

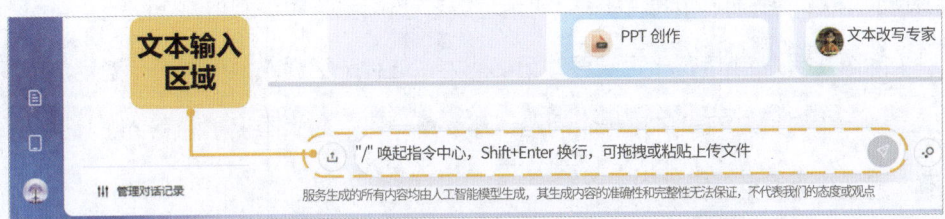

图 1-3 文本输入

稍作等待，AI 就会在右侧区域回答问题或要求（图 1-4）。

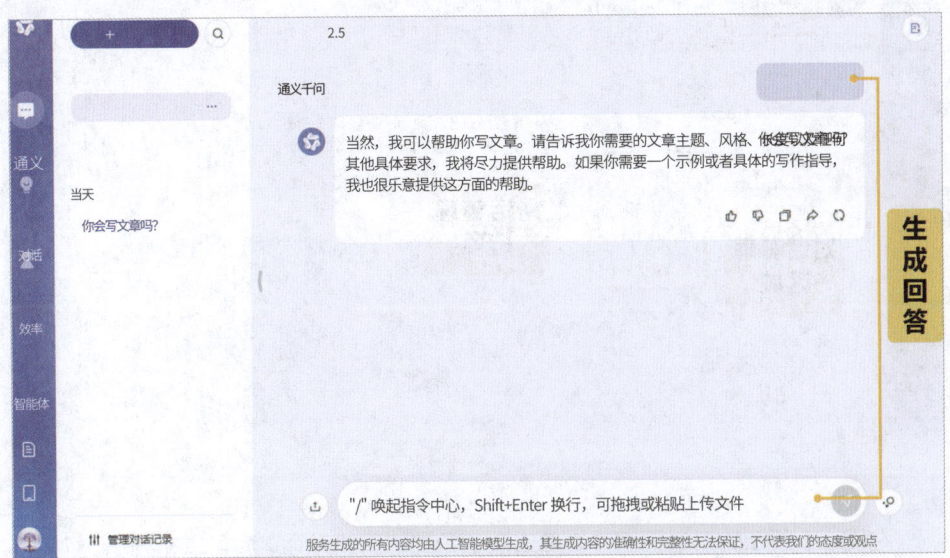

图 1-4 第一次对话

003
对话管理

假如所有的问答全在一个页面内进行，那么一段时间之后，输入的内容与 AI 的输出内容会全部混在一起，想要查找某一段历史对话就会变得非常困难。

想要进行生成内容管理的话，就使用软件自带的对话管理功能。对于一个独立问题的相关问答，我们称之为一个对话，或者一个话题。本书建议一个对话只讨论一个问题，因为 AI 带有一定长度的记忆能力，这种记忆力仅限于同一个对话之内。如果在一个对话之内只讨论一个问题，那么第一可以最大限度地利用 AI 的记忆能力，第二也方便进行输出内容的管理。

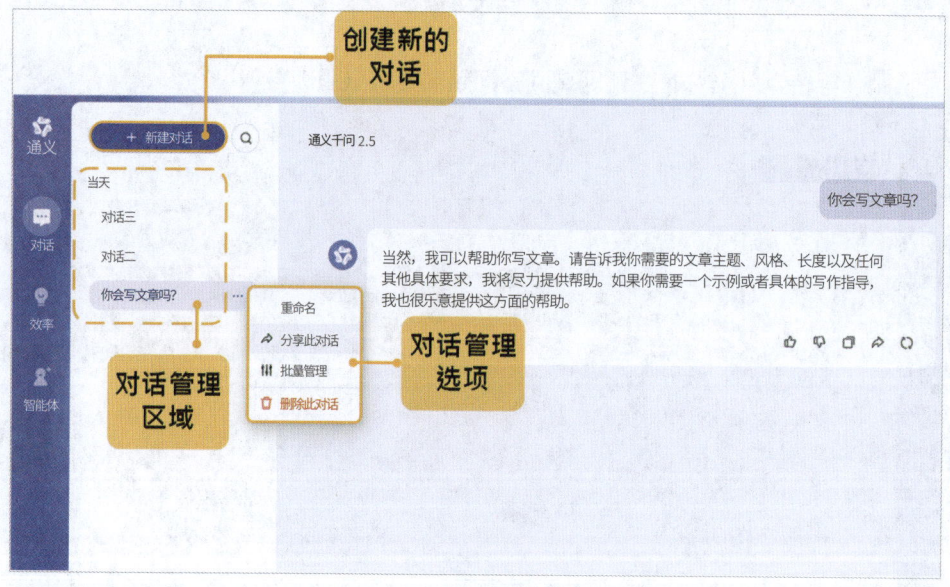

图 1-5 对话管理

在图 1-5 所示的对话页面中，点击左上角的"新建对话"就可以打开新的对话，下方的列表就是历史对话列表。点击对话名称右侧的"…"可以打开对话管理选项，其中可以给对话重命名来给对话归档，也可以分享或者删除这段对话。

004
文件上传

在使用 AI 的时候,还可以上传一些文档或者图片,AI 可以帮我们分析总结这些文件(图 1-6)。点击左侧的上传按钮,即可弹出相应的上传选项。

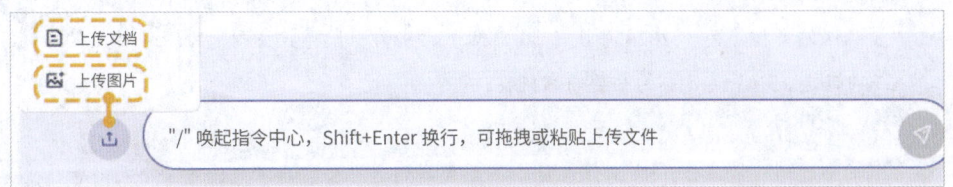

图 1-6 上传文件选项

通义千问接受上传的文档最大可以达到 150MB 的大小,支持 PDF、Word、Excel、Markdown、EPUB、Mobi、txt 这几种格式。

上传图片的限制会大一些,目前只支持 1 张 10MB 大小的图片,且格式只有 JPG、PNG 两种。

以文档为例,点击"上传文档",在本地文件中选择需要操作的文档,上传完毕后,文档会出现在文本输入框中,同时聊天界面上方会给出提示"1 份对话文档处理完成"(图 1-7)。

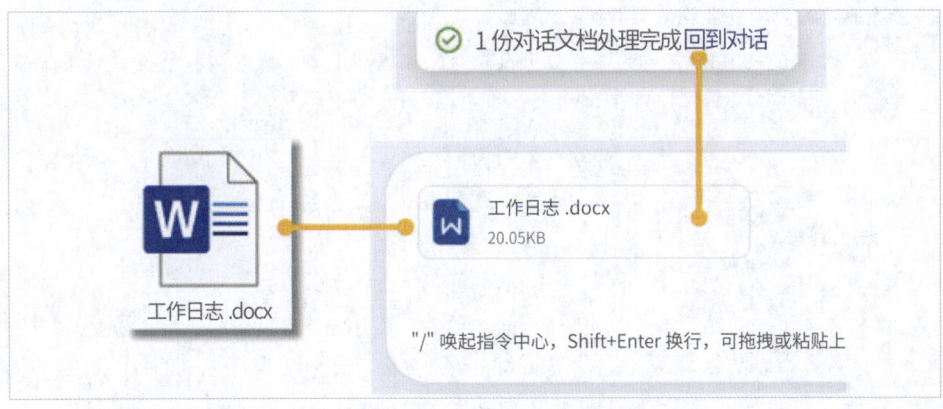

图 1-7 上传文档流程

这个时候就可以让 AI 操作这份文档了。让 AI 对这份文档进行总结，为了让读者能够清晰地看到问答内容与问答脉络，在本书的后续部分将采取下面的形式来展示问答过程。

问：
请总结这份文档的内容。

通义千问：
这份文档是关于 2024 年 8 月 30 日位于北京的一家科技公司人力资源部门的工作日志。以下是日志的主要内容概要：

早晨的日常工作：HR 工作人员在早上 8 点到达办公室后首先检查了公司的考勤系统，并且更新了请假记录，之后还准备了当天下午新员工入职所需的文件和物品。

招聘与面试安排：HR 处理了公司正在招聘的前端开发工程师和市场营销专员职位的招聘事宜。检查了招聘信息并筛选了部分简历，安排了面试。

员工培训与发展：参加了关于员工职业发展的会议，根据员工满意度调查结果调整了培训计划，并决定引入新的在线学习平台。

新员工入职流程：下午有两名新员工入职，HR 向他们介绍了公司文化、政策，并完成了必要的入职手续。

处理员工关系和日常咨询：HR 解答了员工关于健康保险和团队建设活动的疑问。

日终总结与准备明日工作：在日终时，HR 总结了当日的工作，并为次日的一个重要薪酬审查会议做了准备。

日志反映了 HR 工作的多样性和复杂性，涵盖了从日常操作到战略性规划的多个方面。

005
使用指令中心

在文本框中输入"/",或者点击文本框右侧的按钮即可进入通义千问的指令中心(图1-8)。

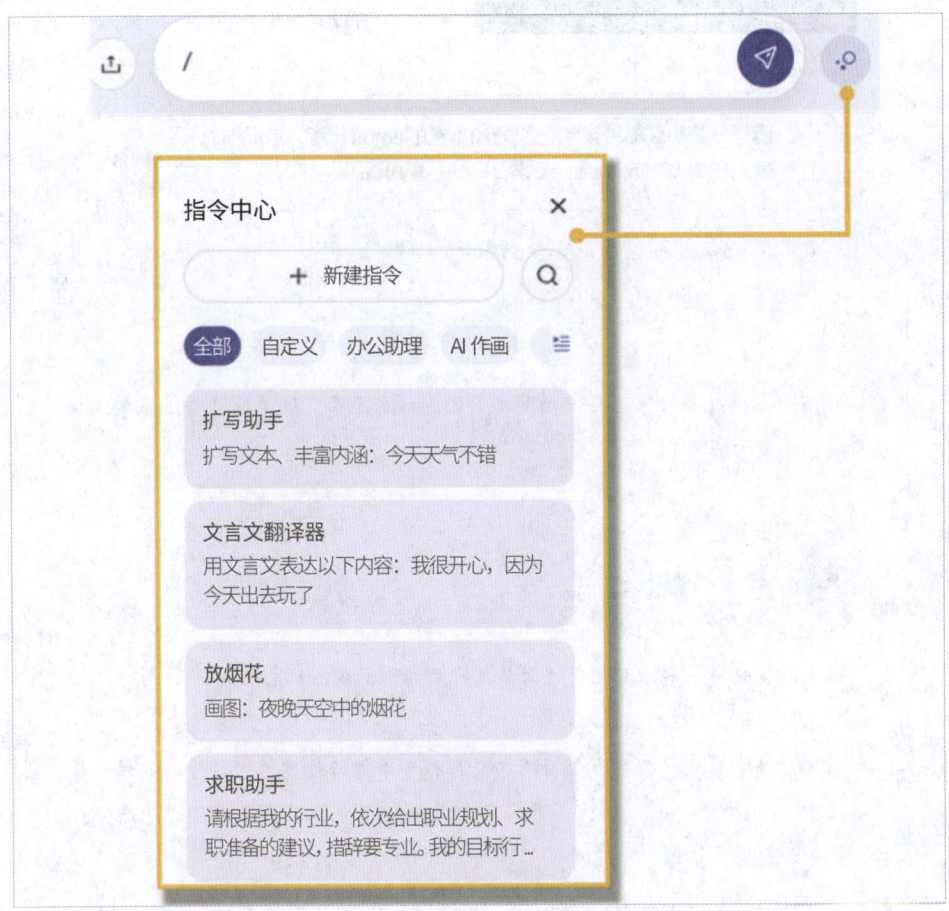

图 1-8 进入指令中心

这里罗列了非常多的提示词模板,也就是具体的提问方式。在不熟悉 AI 提示词的时候,可以从模板中找一些成熟的提问方案,然后把提问内容更换成自己的要求就可以提问了。

编写提示词的完整规则会在下一章的内容中详细讲解，现在先来学会使用提示词模板完成提示词的编写。点击指令模板中的"小红书文案"一项，相关提示词会直接粘贴到文本框中，将主题修改为"育儿"，按下回车，让 AI 开始编写相关的文案（图 1-9）。

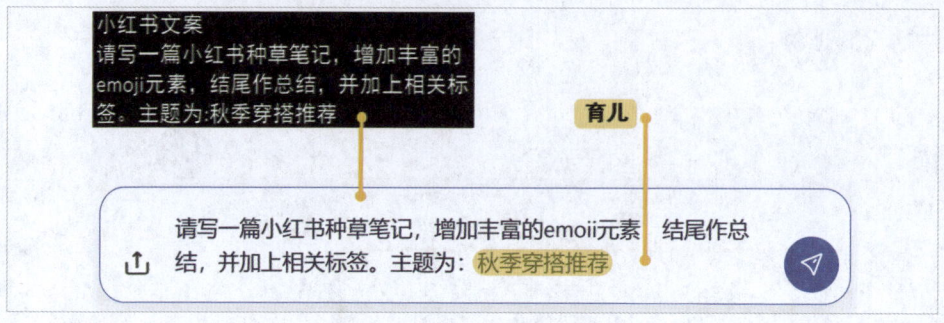

图 1-9 使用提示词模板

问：
请写一篇小红书种草笔记，增加丰富的 emoji 元素，结尾作总结，并加上相关标签。主题为：育儿

通义千问：
🎉宝爸宝妈们看过来！🍪💡

今天我要分享一些让育儿变得简单又有趣的秘密武器！🍬

首先，每个家庭都需要一个好用的婴儿推车出行必备神器，推荐这款轻便折叠婴儿车，一键收起，超级方便，而且宝宝坐上去也很舒适，出门再也不是难题啦！>>> [产品链接] 👶👶

再来是宝宝的辅食制作，新鲜食材搭配营养均衡，使用一款多功能辅食机，可以快速搞定泥状食物，让宝宝爱上吃饭时间！>>> [产品链接] 🍼🥕

晚上睡觉前的时光怎么能少了温馨的亲子阅读呢？推荐这套宝宝启蒙图画

书，色彩鲜艳，图案生动，激发孩子的好奇心和想象力，亲子共读时刻更加甜蜜！
>>> [产品链接] 📚✨

最后，别忘了给自己也准备一点放松的小东西，比如一款香薰机，可以帮助缓解育儿压力，让你也能得到片刻安宁。 >>> [产品链接] 🧖‍♀️🍃

育儿路上，让我们一起快乐前行吧！每一步都值得被珍惜，每一次进步都是给自己的奖励。💗

#育儿心得 #宝贝成长记 #新手爸妈指南 #育儿神器大集合 #宝宝辅食DIY #亲子阅读时间

这样就得到了一篇小红书风格推广文案。可以把指令中心当成是启发式的提示词编写指导，它所提供的提示词其实还是有欠缺的，没有办法照单全收，但是指令中心的提示词编写规范还是非常有参考价值的。在学习完本书后续的提示词编写规则与示例之后，可以回过头来模仿指令中心的语言风格来编写自己的提示词。

文本 AI 进阶使用指南

生成式 AI 最重要的部分是提示词的编写,结构良好的提示词可以帮助 AI 更加全面地了解我们的想法,从而生成符合心意的内容。本章将从实操的层面来展示提示词的编写规范以及实际的应用方向。

006
AI 活动策划：语义保持清晰明确

在日常的对话交流中，我们很难意识到语言中所包含的歧义性，对于一些并不复杂的交谈当然不是问题，但是在与 AI 打交道的时候，模糊的言语就会造成很大的困扰。

这是因为人类在交流时会自然地运用上下文、非语言线索和共同的文化背景来理解对方的意思，从而轻松地消除大部分歧义。我们的大脑能够快速处理这些信息，并根据情境做出恰当的推断，而 AI 系统虽然在自然语言处理方面取得了巨大进步，但仍然缺乏人类所具备的丰富的世界知识和灵活的推理能力。AI 主要依赖于它被训练的数据和算法来理解和生成语言。虽然现代 AI 模型可以处理大量的文本数据，但它们仍然难以完全捕捉语言的细微差别和隐含意义，当面对模糊或多义的表达时，AI 可能会产生误解或给出不恰当的回应，因为它无法像人类那样自然地利用语境和常识来消除歧义。

举个例子，如果有人说了句"把鸡放在桌子上"，对于人类来说，根据具体情境，我们会立即理解说话者是指将一只烹饪好的鸡放在餐桌上，还是将一只活鸡放在某张桌子上。但对 AI 来说，如果没有更多的上下文信息，它就会对这个指令感到困惑，因为"鸡"和"桌子"这两个词都有多种可能的解释。

再比如，"我感觉很冷"这句话在人类交流中可能是一个委婉的请求，希望对方关上窗户或调高暖气温度。但 AI 可能会将其仅仅理解为一个陈述句，描述说话者的身体状况，而不会主动提出解决方案或询问是否需要帮助。

在一些俚语、习语和文化特定表达上，当有人说"这件事情是小菜一碟"时，我们能够立即理解这是形容事情很容易处理。但对 AI 来说，如果没有专门学习过这个句子的含义，它可能会按字面意思理解。为了更好地与 AI 进行交流，我们需要学会使用更加精确和明确的语言，避免使用模糊的代词，明确指出主语和宾语，提供必要的上下文信息，并尽量使用直白的表达方式。表 2-1 中是一些好的提示词与糟糕的提示词的一些对比。

表 2-1 提示词的对比

糟糕的提示词	好的提示词
我的手机坏了	我的手机屏幕坏了，无法显示图像
调整一下文本的格式	请在标题中使用红色字体，并将正文部分居中对齐
写一篇关于气候变化的报告	写一篇关于气候变化的报告，主题是全球气候变化的经济影响，内容要求 1500 字
请根据文件帮我生成用户数据	请以文件为底本，生成一份包含年龄、性别和收入信息的用户数据表
请写一份活动策划报告	请写一份针对住宅小区居民的周末活动策划报告，店铺为手机专卖店，活动的目标是尽可能多地收集附近居民的购机意向

下面尝试使用提示词来向 AI 提问。

> 问：
> 请写一份针对住宅小区居民的周末活动策划报告，店铺为手机专卖店，活动的目标是尽可能多地收集附近居民的购机意向，并完成一定的销售业绩。
>
> 通义千问：
> 　　　　　　周末活动策划报告：手机专卖店
> 一、活动背景
> 为了提升品牌知名度，吸引住宅小区居民的关注，并尽可能多地收集附近居民的购机意向，手机专卖店计划在即将到来的周末举办一场针对小区居民的互动活动。通过此次活动，我们将利用优惠、互动体验及抽奖等形式，激发居民的兴趣，

并获取他们的购机需求信息。

二、活动目标

1. 收集购机意向：通过多种互动方式，尽可能多地获取小区居民的购机意向和联系方式，作为后续销售跟进的依据。

2. 提升品牌知名度：通过现场活动增加店铺的曝光率，提高小区居民对品牌的认知度和好感度。

3. 拉动周边销售：通过活动吸引居民到店参观，增加产品展示机会，刺激购买欲望。

三、活动时间及地点

时间：本周六、周日（10:00—18:00）

地点：住宅小区中心广场及店铺

四、活动形式

1. 购机意向调查

活动现场设置"购机意向调研"摊位，邀请居民填写简单的调查表，包括他们的手机使用习惯、换机周期、品牌偏好等内容。作为回馈，填写表格的居民可以参与现场的抽奖环节。

工具：在线调查表（可通过扫码填写）或纸质版表格。

奖励：小礼品（如手机配件、清洁套装、贴膜券等），填写表格即可领取。

目标：收集不少于100份有效购机意向信息。

2. 产品体验区

在小区广场设置产品展示和体验区，居民可以亲身体验新款手机、平板等产品的功能。专业导购员在现场进行演示和答疑，并引导有兴趣的居民到店参观。

内容：5～10款最新型号手机、智能配件等展示，互动演示、拍照体验等。

引导机制：体验后提供额外优惠券，吸引居民到店体验购买。

3. 现场互动游戏

设置互动游戏摊位，参与游戏的居民可获得手机相关小礼品。通过简单有趣的互动方式吸引更多居民参与，增加活动现场人气。

游戏形式：大转盘抽奖、扫码答题赢奖、手机知识问答等。

奖品设置：手机壳、充电线、蓝牙耳机、购机代金券等。

4. 限时特惠及团购

活动期间，店铺推出限时优惠活动，针对特定型号手机，提供折扣、赠品或分期免息等优惠。同时，设定团购机制，居民可联合邻居或亲友组成团购小组，享受额外的购机优惠。

内容：针对居民的购机需求，匹配适合的机型及购机方案，推动实际购买。

优惠设置：团购优惠（如满3人享受折扣），或到店即享特殊促销活动。

5. 微信社群和线上商城引流

通过活动引导居民加入店铺的微信社群，实时了解最新的促销活动和购机资讯。对于当天不能到场参与活动的居民，可通过扫码访问线上商城，享受同样的购机优惠。

推广方式：现场扫码入群、分享社群福利，获取更多购机意向。

五、活动宣传

1. 宣传渠道

小区公告栏及电梯广告：提前一周在小区内的公告栏、楼道和电梯内张贴活动海报。

社交媒体及业主微信群：通过本地社区微信群、公众号和朋友圈推送活动信息。

线下传单派发：活动开始前3天，在小区出入口、店铺周边派发活动传单。

2. 宣传内容

重点突出活动的参与福利，如"参与购机意向调查，赢取手机配件""新品体验专区，限时优惠"等，吸引更多居民参与。

六、人员安排

1. 产品体验及演示：2名导购员负责产品展示和功能讲解。

2. 购机意向调查及数据收集：2名工作人员负责发放和收集意向调查表。

3. 互动游戏区：2名工作人员负责主持游戏活动和奖品发放。

4. 宣传推广：1名人员负责线上微信社群和线下活动推广工作。

七、预算

项目	预计费用（元）
宣传物料（海报、传单）	500
小礼品及奖品	2000
场地布置与租赁	1500
人员费用	2000
总计	6000

八、风险预估及应对

1. 居民参与度不高：提前做好社区宣传，并通过有吸引力的小礼品、抽奖环节来激发居民兴趣。

2. 天气问题：如遇恶劣天气，考虑设置帐篷或将活动部分移至室内区域。

九、预期效果

通过本次周末活动，预计能够收集到 100～150 位居民的购机意向，并提高店铺在小区内的知名度。同时，通过促销和团购活动，有望带动现场及后续的实际销售。

十、总结

此次活动旨在通过多元化的互动方式、精准的购机意向调研和优惠刺激，提升手机专卖店在社区内的品牌认知，并为后续的营销和销售提供有效的数据支持。

在 AI 输出之后，所以有些地方依然还可以继续完善，比如活动的规模、场地的具体情况等。提供给 AI 的信息越明确，越详细，那么它所给出的回答也就越贴合我们的实际需求。

007
AI 帮创业：角色扮演

这里说的角色扮演可不是穿着漂亮衣服拍照片的意思，而是让 AI 代入到某一领域的高手、专家的角色中给我们一些专业性的建议。尽管 AI 系统拥有着非常庞大的知识库，但默认情况下还是会以一种相对中立或者说泛化的方式来回答问题。而通过角色扮演，可以激活 AI 系统中与特定领域或专业相关的知识和表达方式，从而获得更加专业、深入和针对性的回答。

当要求 AI 扮演某个特定角色时，它会调用与该角色相关的语言风格、专业术语和思维方式，从而提供更加贴近真实专家的回答，比如下面这个问题。

> 问：
> 我是一名创业者，正打算在小区附近开一家咖啡店。现在请你扮演一位经验丰富的咖啡店老板，请给我一些具体的创业建议以及注意事项。
>
> 通义千问：
> 开咖啡店可是一门有讲究的生意，不只是卖咖啡那么简单。作为一名咖啡店老板，我可以给你一些过来人的建议。
>
> 首先，选址是关键中的关键。你既然打算在小区附近开店，这是个很好的思路。小区居民会成为你稳定的客户群，但是你得弄清楚他们的消费习惯。附近人群的消费水平、工作和生活节奏都会直接影响你的店面风格和菜单定价。你可以在早晚高峰时段多观察一下，看看人们的生活方式，比如他们是不是习惯早晨在外买早餐、午后是不是有空闲来喝杯咖啡、周末的时候是不是会来散步或者遛狗。如果你发现居民有这些习惯，那么你选的地方就不错。
>
> 然后，店铺的装修和氛围也特别重要。咖啡店最吸引人的地方，不单单是咖啡的味道，而是那个环境能不能让人放松。你得把咖啡店打造成一个有人情味的

空间。一个温暖的灯光，舒适的座椅，甚至窗边的一排绿植，都会让人愿意多坐一会儿。要记住，现在的咖啡店，卖的不仅是饮品，而是整个体验。你可以想象一下，一个邻里邻外的人都愿意来小坐片刻的地方，能给你带来多少回头客。

产品上，你得做到几样核心产品打得响，其他配套可以慢慢调整。比如，你的咖啡豆一定要选好，我建议你和当地的精品烘焙商合作，或者你也可以尝试自家烘焙，这样不仅能保证品质，还能为你的品牌加分。除此之外，一些经典的咖啡款式一定要精做，像美式、拿铁、卡布奇诺这些经典款是所有顾客的底线，要做到位。另外，如果你的小区人群偏年轻，你可以考虑推出一些新潮的饮品，比如冷萃、氮气咖啡、手冲单品等，都是吸引年轻人的亮点。

至于餐点，虽然咖啡店以咖啡为主，但小吃、甜品也不能忽视。轻食和甜点能增加顾客的停留时间和消费额。比如早餐可以做简单的三明治，下午茶时段你可以推出几款自制的蛋糕。尝试保持菜单更新，但别太频繁，要形成你自己的风格，顾客知道来你店就能吃到哪些招牌餐点。

还有一点很重要，那就是服务。小区附近的咖啡店，最大的优势就是和客人打交道。你要记住，开在小区的咖啡店，要有"社区感"。作为老板，最好能亲力亲为，和周围的居民们打成一片。你可以多记住几个常客的名字，知道他们喜欢什么样的咖啡，甚至偶尔和他们闲聊几句。这种贴心的服务，比任何营销活动都有效，因为这些人会帮你做免费的口碑宣传。社区里的熟客，是你稳定收入的基础。

最后，别忽视线上运营。即便是社区咖啡店，你也得重视线上外卖和社交媒体的影响力。你可以开个微信公众号或社群，定期推送新品或者促销信息，吸引大家进店。外卖平台也不能忽视，很多人可能更愿意在家点杯咖啡。所以，要注意给外卖顾客同样好的体验，包装设计、咖啡的外带品质也要讲究。

创业很有挑战，但如果你能够扎扎实实把每一步走好，咖啡店可以成为小区里大家都愿意来的地方。祝你好运！如果你有更具体的想法，随时交流。

通过让 AI 扮演不同的专家角色，还可以从多个专业视角来审视同一个问题，让我们获得多个角度的见解。通过这种方式，创业者可以获得全面的建议，可以涵盖经营管理、市场营销、财务规划和产品质量等多个方面，这些来自不同"专家"的建议可以帮助创业者更全面地考虑开店的各个方面，做出更明智的决策。依然还是上面这个例子，现在让 AI 扮演一个市场营销的专家，从另一个角度为我们答疑解惑。

> 问：
> 现在请你扮演一位专业的财务顾问，从你的角度针对我的创业再给予一些指导和忠告。
>
> 通义千问：
> 作为一位专业的财务顾问，我首先得提醒你，开咖啡店看似是个小本生意，但背后的财务管理却相当复杂。你可能想着咖啡豆、牛奶和店铺租金这些看得见的开支，但实际上，有很多隐藏的费用需要你提前做好规划。
>
> 比如，现金流是所有小型创业最容易忽视的部分。你可能有一笔资金用于启动和装修，但在咖啡店正式开业后，日常的运营费用会比你预想得要高，特别是在前几个月客流量还不稳定的情况下。租金、人工成本、原材料采购这些都是固定开支，哪怕生意不好你也必须支付。所以，在资金方面，一定要留出充足的流动资金，至少能支撑你店铺前三到六个月的运营，这样可以避免陷入资金紧张的境地。
>
> 另一个容易忽视的是定价策略。很多新创业者都觉得，刚开始的时候应该靠低价来吸引顾客，但我要提醒你，价格太低不仅可能让你的利润率低到无法覆盖成本，还会让消费者对你的品牌产生错误的认知。咖啡并不是单纯的价格竞争产品，它更讲究品质和体验。所以，你的定价策略要考虑到原材料成本、运营开支和目标利润。即便是开在社区，你也要留出足够的利润空间，因为未来你可能还需要应对物价上涨或者租金涨幅。

> 除此之外，你还要精打细算地控制成本。虽然控制成本听起来很普遍，但这并不意味着你要削减质量。比如，你可以通过和供应商建立长期合作关系，获得更优惠的进货价格；或者在采购原材料时，保持对市场价格的敏感度，避免被市场波动影响到利润。而在员工方面，很多创业者在刚开始时往往雇佣过多的人员，导致工资支出过高。事实上，前期可以根据实际业务量，灵活安排人员，甚至可以亲自参与经营，等生意稳定后再考虑扩充人手。
>
> 另外，税务问题也是你必须清楚的。你需要了解当地的营业税、增值税等税种对你业务的影响，并提前做好税务规划。很多小店因为忽视了税务，导致营业额增长后突然面临高额的税务负担，这会给你的运营带来不必要的压力。如果你对这块不太熟悉，我建议你找个靠谱的会计师或税务顾问，确保每笔账目清楚，有效控制税务支出。
>
> 还有一点，你得有个清晰的盈利预期。咖啡店的盈利模式一般并不会立竿见影，它是一个循序渐进的过程。特别是社区店，初期你可能会花更多时间去培养顾客和口碑，而不是立刻看到盈利。因此，不要急功近利，最好能设定一个合理的回报周期，比如一年到一年半左右的时间，其间专注于稳步提升顾客数量和品牌认知。

角色扮演的应用场景不仅限于商业咨询，它在教育、创意写作、心理辅导等多个领域都有着非常不错的前景，学生可以让 AI 扮演历史人物来更生动地了解历史，作家可以让 AI 扮演不同性格的角色来帮助构建小说情节，求职者也可以让 AI 扮演面试官来模拟面试场景。

但是使用这种方法时也需要注意，AI 提供的仍然是基于其训练数据的模拟回答，应该批判性地看待 AI 的建议，将其作为参考和思考的起点，而不是盲目接受。同时在使用角色扮演功能时，也应该注意伦理问题，避免让 AI 扮演可能产生有害或不当内容的角色。

008
AI 写小说：拆分步骤，顺序执行

对于那些比较复杂的任务，不要一股脑的全部堆给 AI 让它回答，这是新手非常容易犯的错误。AI 的能力是有界限的，在专注于一个任务的时候，AI 的表现非常可圈可点，但是当同时要求它处理多个复杂的任务或者一个涉及多个领域的大型任务时，AI 可能会感到"困惑"，导致回答质量下降或者出现错误。

所以最好先一步把任务拆解成具体的执行步骤，再根据步骤来让 AI 一步一步地执行。我们可以依靠自己的理解来进行步骤拆解，也可以让 AI 来进行拆解。这样的话 AI 可以更专注地处理每个具体问题，回答的准确性和质量会更高，而且在任务执行的过程中也可以及时地纠正错误以及调整方向。让我们通过一个例子来说明这种方法的应用，假设要撰写一本关于武侠与赛博朋克融合在一起的小说，第一步，让 AI 为整个流程列出详细的实现步骤。

> 问：
> 我现在想要撰写一本关于武侠与赛博朋克融合在一起的小说，请你列出详细的操作步骤。
>
> 通义千问：
> 撰写一本融合武侠与赛博朋克元素的小说是一个充满创意的挑战。为了确保这两种风格能够无缝结合，并且创造出一个令人信服的世界，你可以遵循以下详细的操作步骤：
>
> （1）确定主题与故事核心
> 主题探索：考虑武侠与赛博朋克的共同主题，如：个人与企业的对抗、复仇与正义、科技与人性的冲突等。
> 故事核心：确定小说的核心冲突和主线情节。例如，主人公是如何在一个充

满高科技和古代武术的世界中面对强大敌人的？如何平衡传统道德与现代科技？

（2）世界观设定

历史背景：设定一个既有武侠风情又有赛博朋克科技的背景故事。可能是一个未来世界，其中古老的武侠文化在高科技城市的地下仍然盛行。

科技与武侠融合：

赛博朋克元素：纳入生物增强、虚拟现实、人工智能等赛博朋克经典元素。

武侠元素：包括剑法、轻功、内功等，考虑如何将这些古老武术与未来科技结合，如将剑法与激光剑、轻功与高科技飞行装备结合。

社会结构：赛博朋克的世界通常是压抑的、分化严重的，可以设定高科技公司和被压迫的武林门派之间的冲突。

（3）角色设定

主角设计：打造一个既具武侠气质又具赛博朋克风格的主人公。例如，一个孤高的剑客，却装有义肢或增强的神经系统。

反派设计：设定一个反派角色，结合高科技与冷酷无情的野心家形象。可能是一个掌控未来城市的科技巨头，使用生化技术打压传统武林。

配角设计：为主角设置多元的支持角色，如黑客、武林盟友、反恐组织成员等。每个角色都应有独特的武侠和科技融合技能。

（4）剧情结构

故事起点：可以从主人公身处赛博朋克城市边缘开始，作为一名传统武侠门派的遗孤，逐渐卷入高科技公司的阴谋。

情节发展：

冲突升级：主人公如何从武侠门派学到古代秘技，同时逐步掌握科技的力量。

双重挑战：主人公需要面对来自科技势力的追捕，同时在武林内部解决古老恩怨。

情感线索：融合赛博朋克的疏离感与武侠的忠诚与荣誉，塑造主人公的情感线，如家族仇恨、师徒关系、爱情纠葛等。

高潮对决：最终对决可以设计成在未来城市的高科技顶端进行，结合古老剑术与高科技装备。

（5）设定赛博朋克与武侠场景

未来城市景观：

高科技都市的霓虹灯、虚拟现实广告、无情的雨水以及压迫感强烈的摩天大楼。

武侠门派领地：

与未来科技形成鲜明对比的自然景观、古老的武林道场、山水画般的自然环境。

融合场景：设定一些场景将两者结合，比如未来世界中的传统武馆或赛博朋克都市中的地下比武场。

(6) 写作风格与语言

叙述风格：

在叙述武侠元素时可以用富有诗意的语言，描写剑法的优雅和内功的深厚。

在赛博朋克场景中，则使用紧凑、冷酷的语言，描绘技术的冰冷与社会的黑暗。

对话风格：

武侠角色可能保留古代的言辞风格，而赛博朋克中的角色则更直接、简练、充满俚语和科技语。

(7) 探索武侠与赛博朋克主题的交汇

传统与现代的冲突：描绘武侠文化与科技力量的对抗，探索古代哲学（如道家思想）与未来科技伦理的冲突。

人性与机械的融合：结合赛博朋克对人类身份的探讨，与武侠的修炼和自我提升相结合。主人公在增强的同时，也可能面临人性消失的危机。

自由与束缚：武侠追求自由，赛博朋克世界则充满压制，反映主人公在这两者之间的挣扎与选择。

(8) 打斗场景设计

结合高科技的武侠打斗：

将内功与生物增强结合，创造出超越人类极限的动作场景。

描绘未来科技武器与传统武器的对抗，例如：主人公用古剑对抗敌人的高科技武器或生化战士。

场景的层次感：从屋顶追逐到赛博朋克城市的闹市街头，再到空中交通中的决斗，打斗场景要有视觉冲击力。

(9) 结局与续集设定

开放式结局：赛博朋克常有反乌托邦的开放式结局，主人公可能并没有彻底打败敌人，而是继续在一个灰色的世界中抗争。

为续集铺垫：如果考虑系列小说，结尾可以为未来故事线做铺垫，比如主人

> 公发现更大的阴谋，或新的敌人浮现。
>
> （10）编辑与反馈
>
> 初稿完成后：自己通读，检查情节的连贯性和背景世界设定的合理性。
>
> 测试读者反馈：邀请不同风格的读者提供反馈，尤其是对武侠和赛博朋克都有兴趣的群体，以确保两者元素平衡。
>
> 修订与润色：根据反馈进行调整，确保语言流畅，角色设定有深度，情节紧凑有张力。
>
> 通过以上这些步骤，你可以逐步将武侠与赛博朋克融合在一起，创作出一部既具独特风格又引人入胜的小说。

有了大纲后，可以继续要求 AI 给出每个部分的详细设计。在主题与背景设定丰满了以后，让 AI 根据这些设计给出小说的章节目录，最后按部就班地进行具体小说内容的生成，一本小说就完成了。

值得注意的是，AI 的上下文记忆能力是有限的，对于小说这种体量的文本创作来说，AI 不可能记住所有的内容。所以在使用 AI 的时候，需要时不时地把背景主题，以及小说大纲重新输入给 AI，这样就能保证 AI 创作的延续性。

009
小红书笔记创作：文本模仿

在使用指令中心一节中，我们使用系统预设的提示词创作过一篇小红书的笔记，这段文本的质量也只能说一般般。在使用 AI 的过程中，这样的情况是很常见的，尤其是在创作一些需要发布在平台上的文章的时候。AI 的文字风格只有固定的一些模式，这些模式往往显得机械、生硬，缺乏个性化和平台特色。这种统一化的输出无法满足不同平台、不同受众群体的需求，也难以突出作者的个人风格。

所以，想要转换 AI 的写作风格的时候，可以提供给它一些文字风格的参考文本，让 AI 进行学习和模仿，这样的学习方式就叫作少镜头提示，或者也可以称为少样本提示。AI 经过学习后能够更好地捕捉特定文体的语言特征、表达方式和情感倾向，从而生成更符合目标风格的内容。

这种方法的原理是基于 AI 模型的迁移学习能力，虽然 AI 在训练过程中已经学习了大量的文本数据，但它仍然可以通过少量的新样本快速适应特定的写作风格或主题。通过提供几个高质量的范例，实际上是在为 AI 提供一个具体的上下文和风格指导，让它能够更精准地理解我们的需求。下面通过一个例子来说明如何使用文本模仿技术，让 AI 对几篇笔记内容进行学习，然后生成一篇小红书风格的美食探店笔记。

> 问：
> 请你学习下面两个范例笔记的行文风格，然后创作一篇关于新开的甜品店'甜蜜时光'的探店笔记，这家店的特色是手工冰淇淋和法式马卡龙：
> 范例1：
> "🌿 今天打卡了一家超级小众的日料店！💗
> 藏在巷子里的小店，走进去就被浓浓的和风氛围吸引住了～

📍必点招牌：炙烧三文鱼握寿司

这个真的绝了！三文鱼肥美多汁，表面微微炙烧的香气配上醋饭，简直是绝配！一口下去满满幸福感😊

🍰餐后还有赠送的抹茶，清香回甘，为这顿饭画上完美句号✨

小姐妹们，周末约起来吗？😊 #美食探店 #日料 #小众网红店"

范例2：

"姐妹们！我发现了一家藏在老城区的宝藏咖啡馆！☕

推开门的瞬间，仿佛穿越回了20世纪的巴黎，复古文艺风扑面而来~

👨‍🍳店主是个超级可爱的法国大叔，自己烘焙的咖啡豆，香气四溢！

👉强推他家的肉桂卷，外酥里嫩，肉桂香气和甜度刚刚好，绝对是下午茶的不二之选！

🎵背景音乐应景地放着爵士乐，整个人都慵懒起来了呢~

想要享受悠闲午后的姐妹，一定要来打卡哦！📷 #咖啡控 #复古风 #城市探店"

通义千问：

🎉惊喜！！！宝藏甜品店来啦！💗

姐妹们，我刚刚踩点了一家新开的甜品店'甜蜜时光'，简直是少女心炸裂！🎉

🏠店铺就藏在市中心的小巷里，粉色的门面超级好认，一进门就被少女感爆棚的装潢迷住了~

🍨必须种草：招牌手工冰淇淋！

天哪！这绝对是我吃过最绵密的冰淇淋，入口即化，香草味浓郁但不腻，搭配酥脆的自制蛋筒，简直是绝配！💯

FR还有他家的法式马卡龙，色彩缤纷好像珠宝盒一样！咬一口外酥内柔，馅料的甜度刚刚好，吃完整个人都幸福了~😊

👉小贴士：周末去要趁早，晚了可是会排队的哦！

闺蜜生日想找地方庆祝的宝宝们，这绝对是你的不二之选！🎂

你们最喜欢哪种甜品呢？评论告诉我吧！😊

#甜品控 #新店打卡 #吃货日记"

通过文本模仿，AI生成的内容不仅捕捉到了小红书笔记的语言风格（如使用表情符号、口语化表达、互动式结尾等），还模仿了美食探店笔记的结构和重点（如店铺描述、必点美食、个人感受等），比起单纯地使用提示词，这样的内容更容易引起目标平台用户的共鸣和互动。

在实际的使用当中，也可以将这个过程分为学习记忆与使用两步，这样的话更加方便我们对语言风格的复用，具体的提问方式如下。

问：

请分析总结下面这段文字范例的语言风格，将其记为"小红书风格一"。在后续的创作中，只要我提到使用"小红书风格一"，你就要使用此处记忆的语言风格进行创作。

通义千问：

……

问：

请你使用"小红书风格一"作为语言风格来创作接下来的内容：……

在使用文本模仿技术时，有几个需要注意的点：

1. 选择高质量范例

提供的范例一定要保证文本的质量，要有足够的目标风格代表性，如果不知道选择哪些，也可以从高赞笔记中进行挑选。

2. 保持原创性

虽然模仿了风格，但是内容一定要保持原创性，避免直接复制范例中的表达。

3. 适度使用

过度的模仿有可能导致内容僵化，失去真实性，在使用的时候要把握好这个度，在模仿和创新之间找到平衡。

010
制作广告文案：指定文稿的输出长度

文本的长度控制在某些场合下是一种硬性要求，比如在准备演讲稿、撰写学术论文摘要、制作产品说明书或者编写社交媒体帖子时，都会面临严格的字数限制。AI 生成的文本长度没有办法做到百分百的精确，多少都会差一些，我们所提的长度要求对 AI 来说只是一个参考。这是因为 AI 模型在生成文本时会考虑多个因素，如语义连贯性、上下文关联等，而不仅仅是机械地计算字数。

一般来说提供一个大致的字数范围即可，如果不能确定具体的长度，也可以根据文稿的类型给出下面这种提示词。

> 请生成一篇 3 分钟演讲稿
> 写一个能填满 A4 纸一页的故事

如果想达到更加严谨的控制效果，还可以精确到每一段的生成字数。

> 请写一篇由 3 段组成的文章，每段大约 100 字，介绍可再生能源的 3 种类型

如果第一次生成的内容长度不符合要求，可以直接要求 AI 进行调整。下面通过一个具体的例子来说明如何在实践中应用这些方法。现在为一款新上市的智能手表撰写一份产品描述作为电商平台的广告展示文字，希望这份描述既要全面介绍产品特点，又要简洁吸引人，控制在 200～250 字。

问：

请为一款新上市的智能手表编写一份产品描述，用于电商平台的广告展示。描述应包含以下要点：

（1）外观设计

（2）核心功能（如健康监测、运动追踪等）

（3）电池续航

（4）防水性能

（5）与智能手机的兼容性

请控制描述的总长度在200~250字，使用吸引人的语言，突出产品的主要卖点。

通义千问：

突破性设计，卓越性能！我们全新推出的SmartLife智能手表将彻底改变您的日常生活。采用轻薄圆形表盘设计，5种时尚色彩可选，尽显品位与个性。先进的健康监测系统24小时守护您的健康，精准追踪心率、血氧和睡眠质量。15种运动模式满足各类健身需求，让您的运动更加高效。超长续航能力，单次充电可持续使用7天，告别频繁充电的烦恼。50米防水深度，游泳健身无忧。全面兼容iOS和Android系统，智能通知、来电提醒功能让您随时掌控重要信息。SmartLife，为智慧生活而生！现在购买，享受限时优惠！

这段文字大约有230字，符合200~250字的要求。它涵盖了所有指定的要点，并使用了吸引人的语言来突出产品特性。

如果发现这段文字稍长，想要进一步精简的话，可以要求AI进行调整。

问：

这段描述很好，但请将其略微缩短到200字左右。请保留所有关键信息，但用更简洁的语言表达。

> 通义千问:
>
> 全新SmartLife智能手表,改变您的生活方式!轻薄圆形设计,5种时尚色彩。先进健康监测系统全天候守护,精准追踪心率、血氧和睡眠。15种运动模式满足多样健身需求。超长续航,单次充电可用7天。50米防水深度,运动无忧。全面兼容iOS和Android,智能通知让您随时掌控重要信息。SmartLife,智慧生活的最佳伴侣!现在购买,享受限时优惠!
>
> 这个版本约200字,更加简洁但仍保留了所有关键信息。

如通过这个例子可以看到,虽然AI生成的内容长度不会完全精确,但通过明确的指示和必要的调整,我们可以得到接近目标长度的高质量内容。当然,这里只是一个示例,在实际的应用中肯定需要将产品的详细参数和特点输入给AI,这样创作出的内容才能符合实际情况。

011
论文总结：文本内容提取

在文件上传一节中已经粗略的了解过这个功能，当时使用了一份工作日志让AI进行总结，完成度还是比较不错的。实际上AI可以处理的文本长度是相当可观的，可以用它来处理一些更复杂、更长的文本，就比如论文这种。

AI可以识别出摘要、引言、研究方法、结果讨论和结论等这些论文的结构，并且它能够理解每个部分的功能和重要性，从而更准确地提取关键信息。AI的这种能力不仅限于简单的文本复制或关键词提取，它能够理解上下文，识别因果关系，甚至能够捕捉到作者的论证逻辑和研究思路，所以说AI生成的总结不仅包含论文的主要内容，还能反映出研究的整体框架和思想脉络。下面上传一份论文，让AI为我们总结一下这篇论文的主要内容（图2-1）。

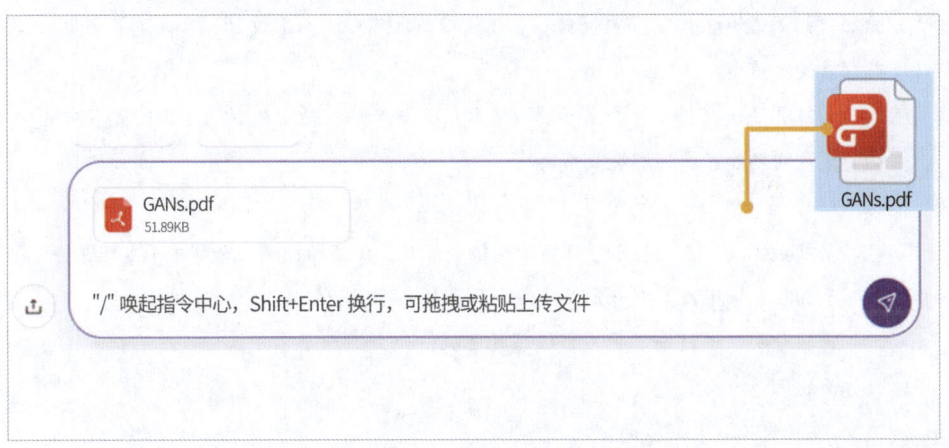

图2-1 上传论文文档

> 问：
> 请你详细分析总结我所上传的这篇论文，所输出的内容要按照清晰的结构进行描述。

通义千问：

本篇论文提出了生成对抗网络的概念，并极大地影响了机器学习尤其是无监督学习的领域。接下来，我将从论文的关键部分进行详细的分析和总结：

（1）引言与动机

动机：GAN 的基本动机是创建一个能够生成逼真图像的模型。论文指出，大多数的生成模型需要复杂的推理和多样性差的样本。GAN 通过引入一个对抗过程，改善了样本的多样性和生成模型的训练过程。

（2）模型架构

基本原理：GAN 包括两个模型：生成模型（Generator）和判别模型（Discriminator）。生成模型负责生成尽可能逼真的数据，判别模型负责区分生成的数据和真实数据。

对抗训练：这两个模型在训练过程中相互对抗。生成器试图"欺骗"判别器，而判别器则试图不被欺骗，从而推动生成器生成更高质量的数据。

（3）数学公式与算法

损失函数：论文详细描述了 GAN 的损失函数，这是一个极小极大问题。判别器的目标是最大化识别真实数据和生成数据的准确率，而生成器的目标是最小化判别器的准确率。

训练算法：提供了一个基于梯度下降的训练算法，论文还讨论了训练过程中的稳定性问题和可能的解决策略。

（4）实验结果

基准数据集：论文展示了在多个基准数据集上的实验结果，如 MNIST 数据集，证明了 GAN 能够生成具有一定多样性和逼真度的手写数字图片。

比较分析：通过与其他生成模型的比较，论文展示了 GAN 在生成质量和多样性方面的优势。

（5）讨论与未来方向

理论意义：GAN 提供了一种全新的通过对抗过程来训练生成模型的方法，这对后续的研究提供了新的思路。

应用潜力：论文讨论了 GAN 在其他领域如语音合成、图像编辑等方面的潜在应用。

挑战与改进：论文也指出了 GAN 训练中的不稳定性问题，并提出了未来可能的改进方向。

（6）结论

创新贡献：GAN 的提出开辟了生成模型研究的新局面，特别是在图像和视频生成领域，其影响深远。

通过以上分析，我们可以看到这篇论文不仅提出了一个新的模型架构，更为后续的研究提供了丰富的启示和广泛的应用前景。

AI 不仅拥有非常好的文本理解能力，还能帮助我们快速把握论文的核心观点和研究成果。对于研究人员、学生或任何需要快速了解大量学术文献的人来说，这无疑是一个强大的工具。而对于不同学科的论文，AI 都能够适应其特定的术语和写作风格，无论是自然科学、社会科学还是人文学科的论文，AI 都能够准确理解并提取核心内容，这使得 AI 成为一个通用的学术助手，能够帮助各个领域的研究者快速获取信息。

012
学术创作：使用提取的文本内容进行写作

既然 AI 可以帮助我们提炼出文本的具体结构与内容，那么更进一步，为什么不让 AI 根据这些提炼出来的内容进行写作呢？这一节就来实现这个想法。

前面给 AI 提供了一篇生成对抗网络的论文，下面让 AI 根据这篇论文的内容为我们做一些事情。

问：
请你根据我所提供给你的论文资料，详细地告诉我 GAN 算法实现的数学原理。

通义千问：
《生成对抗网络》（GANs）的论文为生成模型提供了一种新的估计方法。以下是其数学原理和算法的详细解释：

数学基础

1. 博弈论框架：GAN 的操作基于博弈论，其中涉及两个玩家（生成器 G 和判别器 D）进行极小极大博弈。判别器 D 的任务是区分真实数据和生成器 G 生成的数据，而生成器 G 则尽可能地欺骗判别器，使其将生成的数据判定为真实数据。

2. 目标函数：GAN 训练的核心是以下目标函数，形式上类似于零和博弈：

$$\min_G \max_D V(D,G) = E_{x \sim P\text{data}(x)}[\log D(x)] + E_{z \sim Pz(z)}[\log(1-D(G(z)))]$$

其中，$E_{x \sim P\text{data}(x)}[\log D(x)]$ 表示判别器估计样本为真实的期望，而 $E_{z \sim Pz(z)}[\log(1-D(G(z)))]$ 表示判别器估计样本为生成的期望。

3. 收敛定理：论文提供了算法收敛的理论支持，表明如果 G 和 D 具有足够的能力并且训练时间充分，GAN 训练将使生成器 G 复制数据分布。这一收敛是因为 G 和 D 的博弈达到了纳什均衡。

算法细节

训练过程：训练中交替优化 D 和 G。D 的优化目标是最大化正确分类真实数据和生成数据的概率；而 G 的优化目标是最大化 D 错误分类生成数据为真实数据的概率。

> 实现方式：实现使用反向传播算法，与当时其他生成模型相比，GAN 的实现不需要马尔可夫链或展开近似推断网络，使得实现相对简单。
>
> 实际洞察
>
> 训练涉及从噪声分布中采样以通过 G 生成数据，同时使用真实数据训练 D。
>
> 判别器 D 被训练为最大化正确源（真实与生成）的对数似然，实际上作为一个二分类器。
>
> 这个框架极大地推动了机器学习领域，尤其是在图像、音乐和文本生成等多个领域中生成高质量、多样化的样本的方法。

  例子中，AI 直接使用上传的文件作为底本为我们写出了算法的数学原理，这种基于已有文献进行的二次创作是非常有意义的。对于复杂的学术概念，AI 能够快速提取核心信息，并以清晰、结构化的方式呈现出来，这对于初学者来说尤其有价值，因为它提供了一个简洁而全面的概述，帮助他们快速把握主题的精髓。而对于经验丰富的研究者，这种方法也能帮助他们快速回顾和整合相关知识，为进一步的研究提供基础。

  AI 的这种能力也同时为跨学科研究提供了强大的支持，在当今复杂的科研环境中，研究者常常需要涉猎多个领域的知识。AI 可以帮助研究者快速理解和消化不同学科的核心概念，从而促进学科间的交流和融合。就好比一个计算机科学研究者可能需要了解生物学的某些概念，AI 就可以帮助他们快速掌握相关知识，而无须花费大量时间阅读原始文献。研究者可以使用 AI 生成的内容作为初稿或参考，然后基于此进行深入的分析和扩展。这不仅能节省时间，还能帮助研究者避免常见的写作陷阱，如结构不清晰或论述不充分等问题。AI 生成的内容可以作为一个良好的写作框架，研究者可以在此基础上添加自己的见解和创新点。

013
自我检查：利用 AI 检测生成结果

尽管生成式 AI 非常先进，它们仍然可能产生错误或不准确的内容。这个问题在早期版本的模型中非常常见，对于不够了解的领域，AI 会试图通过胡编乱造来制造一个看似合理的回答。在当时看来，这是一件非常荒唐的事情。大模型技术发展到现在，这种编造答案的清醒已经被尽力地遏制住了，但是由于其底层算法所造成地随机性，我们依然没有办法百分之百地确定 AI 所给出的答案是完全正确的。

这个问题其实有一个比较简单的解决方法，那就是让 AI 重新审读一遍自己的答案，让它去找出回答中可能存在问题的内容。这件事情其实是有些反直觉的，从常理来说，既然答案是 AI 给出来的，那么它就无法超越自身的知识局限来纠正自己的错误。可事实上 AI 确实可以给自己纠错，这是为什么呢？

这就要涉及一点自然语言大模型的内部逻辑了。文本生成 AI 存在一种反馈机制，当创作者要求它分析一段内容时，AI 会特别关注内容是否符合其对正确答案的标准，这里面包括检查是否与已知的事实和逻辑相符合，以及是否存在不合常理的推断。这种反馈循环并不基于原始生成的记忆，我们可以理解为这个检测回答的家伙与之前给出回答的 AI 并不是同一个"人"，AI 相当于从头开始解析了文本，重新审视了逻辑链条和信息准确性，从而识别出其中潜在的矛盾、不准确之处或遗漏的要点。

实现 AI 自我检查的核心思想是让 AI 系统对自己的输出进行批评性思考和评估，最直接的方法是在生成内容后，明确要求 AI 检查其回答中可能存在的错误或需要澄清的地方。我们可以要求 AI 根据事实准确性、逻辑连贯性、语法正确性和表达清晰度等具体标准来检查其输出。

另一种更加复杂的方法是角色扮演,与生成内容时一样,创作者可以指示 AI 扮演不同的角色来审查它刚刚生成的内容。这种方法能够从不同的视角审视输出结果,有助于发现潜在的问题和改进空间。例如,让 AI 扮演一位严谨的科学家来检查一篇科普文章,可以确保文章在保持通俗易懂的同时不失科学准确性。

下面通过一个实际案例来理解 AI 自我检查的过程,就使用上一节学术创作中所生成的 GAN 算法实现的数学原理这个例子。

> 问:
> 请从事实准确性、逻辑连贯性、语法正确性和表达清晰度等具体标准这几个方面,检查下面这篇关于 GAN 算法实现的数学原理的文章可能存在的问题:
> ……
>
> 通义千问:
> 我将从事实准确性、逻辑连贯性、语法正确性、表达清晰度四个方面检查这篇关于生成对抗网络(GAN)的文章中可能存在的问题。
>
> (1)事实准确性
> 博弈论框架:描述博弈论框架时,文章提到"两个玩家(生成器 G 和判别器 D)进行极小极大博弈",这一说法是正确的,但缺少对极小极大博弈具体含义的更细致解释,特别是如何实现生成器和判别器之间的相互制衡。可以补充说明博弈的目标是使得判别器无法区分生成的数据和真实数据。
>
> 目标函数描述:目标函数部分的描述是准确的,但对于目标函数中的每个符号的解释稍显简略。特别是 $Pdata(x)$ 和 $Pz(z)$,可以更加详细地解释它们分别代表真实数据分布和噪声源的概率分布。
>
> 收敛定理:文中提到的"收敛定理"部分没有给出详细的描述,容易引发误解。实际上,GAN 的收敛性并不是完全可以保证的,很多实践中由于模式崩溃(mode collapse)等问题,生成器无法有效复刻数据分布。文中的表述"GAN 训练将使生成器 G 复制数据分布"显得过于理想化,没有提到常见的收敛困难和挑战。

(2) 逻辑连贯性

目标函数与训练目标之间的衔接：文章在描述目标函数之后，直接进入了关于训练过程的讨论，缺少一个桥梁性的段落来说明如何通过优化目标函数来训练生成器和判别器。比如可以补充描述目标函数的意义，以及如何通过交替优化实现训练。

算法细节和实际洞察的连接：算法细节部分提到反向传播算法，但在后面实际洞察中并未提及反向传播的应用细节，这使得这两个部分之间显得不连贯。建议补充如何在训练过程中使用反向传播来更新 D 和 G 的权重，使得文章逻辑更加顺畅。

(3) 语法正确性

符号和语法混用：符号 $E_{x \sim Pdata(x)}[logD(x)]$ 中的 "$\sim$" 用于表示从分布中采样，这个表达是标准的，但是文章未明确说明"期望"的概念，可能对一些读者不够清晰。

一致性问题：在描述中，有些术语如"训练过程"和"训练中交替优化"缺乏统一地表述，容易导致理解上的困惑。例如可以保持一致性，统一描述为"在训练过程中，交替优化 D 和 G"。

(4) 表述清晰度

目标函数的解释：目标函数部分的数学公式虽然准确，但语言表述可以更加清晰，以确保读者能理解公式的含义。尤其是对公式中各项的解释过于简略，建议逐项解释公式中的符号，明确判别器和生成器的目标。

博弈论部分的表述：可以更详细地描述"极小极大博弈"如何运作，以及生成器和判别器之间的动态关系。目前的表述可能对不了解博弈论的读者来说不够直观。

训练过程的表达：对于"交替优化 D 和 G"的描述可以补充更多细节，例如通常是先固定生成器优化判别器几轮，然后固定判别器优化生成器，使得两者的学习更为平衡。此外，可以明确提及"交替"背后的逻辑是为了避免其中一方过于强大，破坏学习过程的平衡。

改进建议总结：

增加详细解释：对于博弈论框架、目标函数、收敛理论等部分，应增加更详细的解释，尤其是对公式中符号的逐项解析，以提高读者的理解。

逻辑连接更流畅：在目标函数和训练目标之间增加桥梁性的解释，使得逻辑更加流畅。对于算法细节与实际洞察部分也应注意衔接，保持讨论的连贯性。

提高一致性和语法准确性：检查符号和术语使用的一致性，并修正格式上的错误，如列表符号问题。

表述更加清晰易懂：在数学推导部分的语言表述上，尽量做到更直观和通俗，确保各层次的读者都能理解。

自我检查的机制对于一些复杂的内容生成很好用，通过反复的自我检查和修正，AI 可以不断完善其输出，从而逐步接近人类专家的水平。这个过程中其实作为创作者也是非常受益的，整个推敲的过程同样可以极大地提高我们自身对于问题的理解。

014
随身助理：移动端 AI 使用方法

在移动互联网时代，如果 AI 只能作为 PC 端的生产工具来使用，那未免太"笨重"了。移动端的 AI 工具更多的是帮助用户解决一些生活场景中遇到的问题，在使用方法上与 PC 端并没有太大的区别，更多的是针对移动设备的特点做了一些针对性的优化调整。

在应用商店下载安装 APP，软件界面如图 2-2。

图 2-2 移动端界面布局

软件依然是使用界面下方的输入框进行提问，整体的布局没有太大的区别。但是可以注意到移动端要比 PC 端多出了一些功能图标，我们先从输入框右侧的符号开始讲起。

这个符号相信大家不会陌生，与微信类似，它是语音录入的意思。移动端输入文字没有 PC 端方便，而 AI 又非常依赖文本内容的输入，所以多数大模型的移动端都有这样一个语音录入的功能，方便用户进行输入。点击语音录入按钮，输入界面会变为图 2-3 这种形式。

图 2-3 切换语音对话

按下按键软件会记录语音内容，松开后系统会将这段语音转化为文字并输入给 AI，这样就可以便捷地进行对话了（图 2-4）。

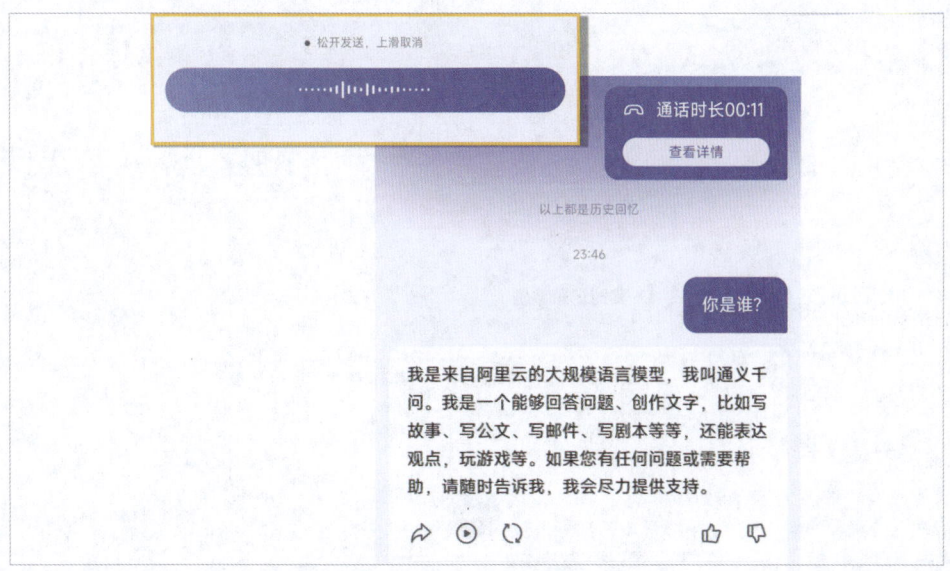

图 2-4 完成对话

在聊天界面的下方还有这样几个按键（图 2-5）。

图 2-5 扩展功能

其中拍摄与文档图标对应着图片与文档的上传功能，记录则可以借助麦克风帮助用户进行录音，并对录音内容进行转写与总结。这个功能对于课堂笔记与会议记录来说非常地方便（图 2-6）。

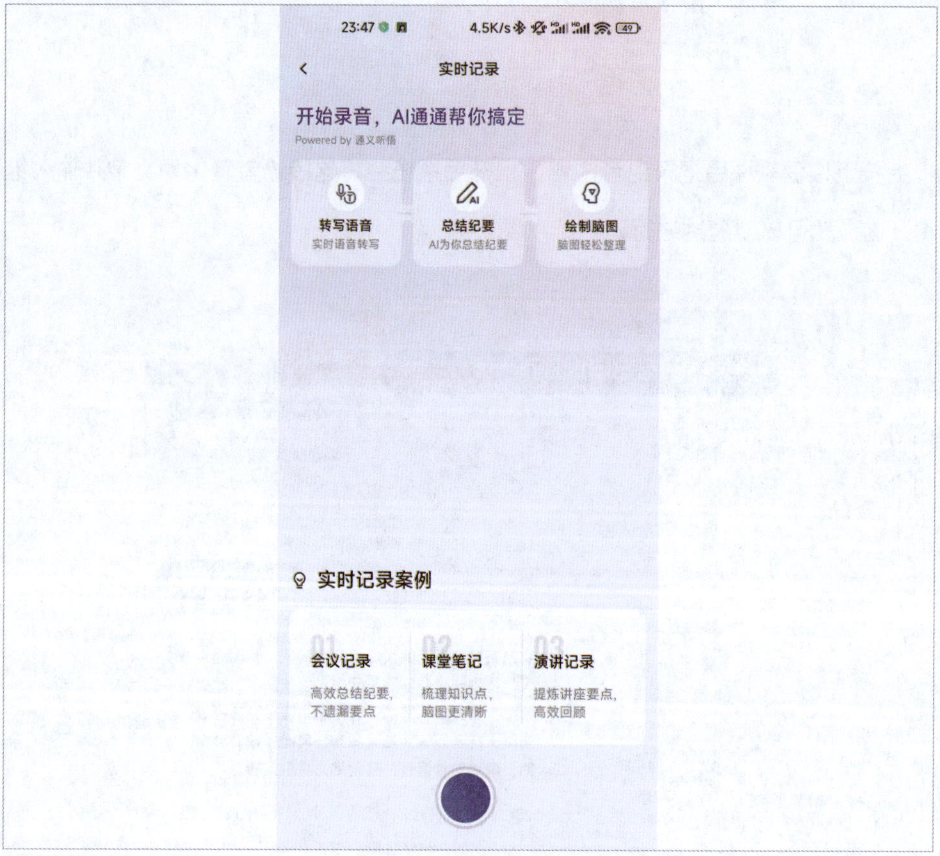

图 2-6 语音记录与转写

接下来的通话按钮可以让用户与通义千问的数字人进行语音对话。除了基础的问答功能以外，数字人还被赋予了一定的人格特征，在无聊的时候可以将其作为倾诉对象聊一些家长里短，也可以在心情不好的时候让 AI 给你讲几个冷笑话（图 2-7）。

图 2-7 AI 的数字人

最后则是一个非常实用的翻译功能，在碰到需要与外国友人进行交流的场景时，可以通过点击按键来进行语音的实时翻译。这个功能在学习外语的时候也非常地好用（图 2-8）。

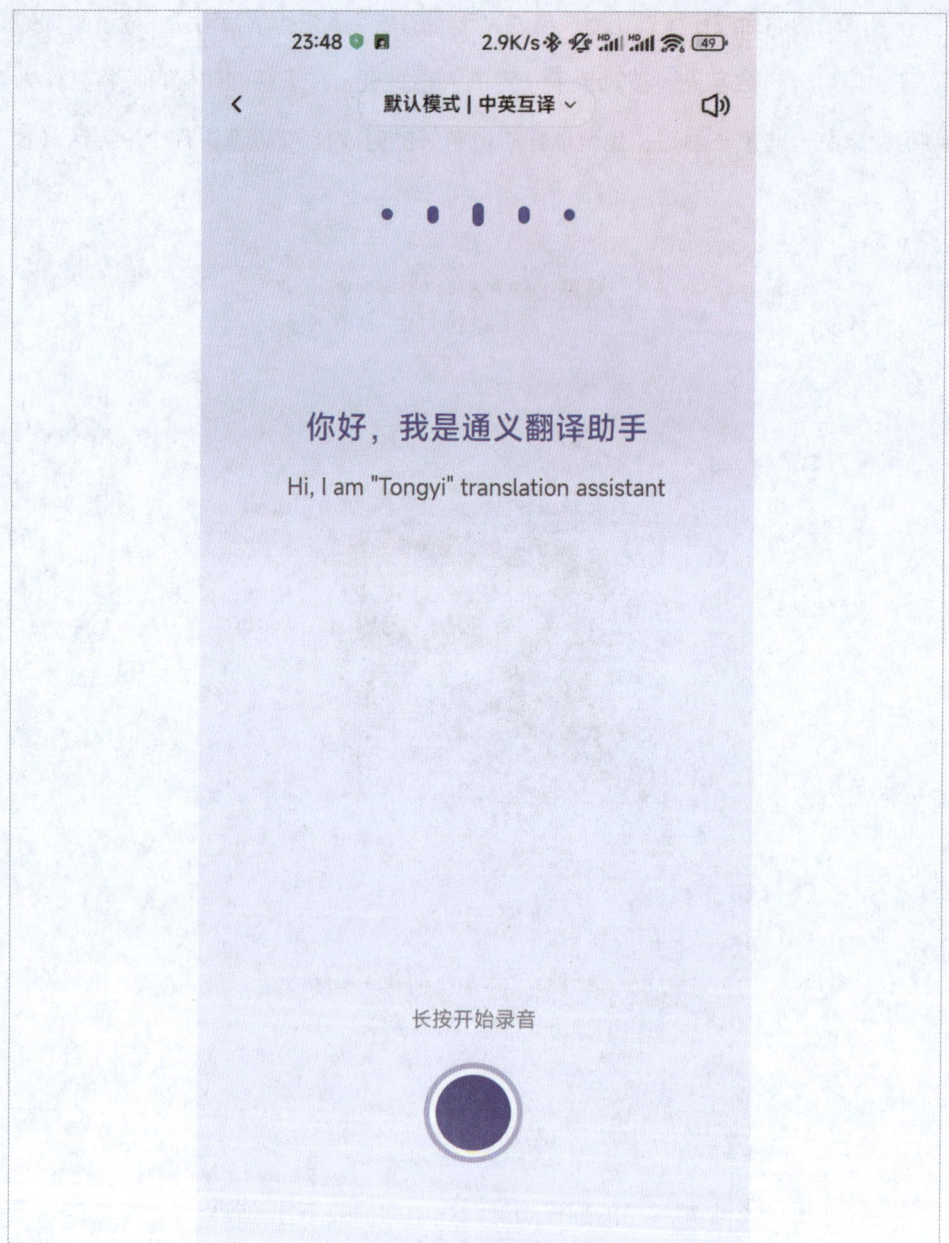

图 2-8 基于人工智能的实时翻译

移动端的 AI 更加的轻量化，它的功能实现逻辑也更加地清晰，可以帮助用户解决不少的生活问题。就拿最简单的一个例子，有了数字人的帮助，在学习做菜的时候我们就可以完全解放出双手，只需要告诉它我们要做一道什么样的菜，然后一步一步地跟她交流沟通，做到哪一步了，遇到了什么问题，有什么不清楚的地方需要它解释得详细一点，AI 就能真正像一个站在身边的老师一样耐心地帮助我们做好这道菜。

随着 AI 技术的发展，这样的场景将会越来越多地出现在我们的生活中。移动端的 AI 应用同样是一个非常大的命题，这也是最近"AI 手机"的概念被炒得火热的原因，其背后依然是大模型的技术原理。只不过相较于 AI 类的 APP，它的介入深度更加接近硬件底层，所能做的事情也就更多。

❖ AI 脚本生成实战 ❖

　　文本是多媒体的基础,尤其是对于 AI 生成的内容来说,文本的作用远比表面上看上去要重要得多。在后续的篇章中我们会谈到文本生成对于绘画、视频生成和音乐生成的辅助效果,本章就先从视频脚本创作的层面来聊一聊 AI 文本生成的应用。

015
确立选题方向

在数字多媒体时代，视频内容创作已成为最受欢迎的表达和传播方式。对于创作者来说，确立一个引人入胜且有价值的选题往往是整个创作过程中最让人头疼的环节，很多人在一开始的时候凭借着一腔热血和一些很不错的点子，确实能够做出一些不错的内容，但一个账号的运营需要的是源源不断的内容输出，这是一场看不见终点的马拉松。长久的重复性工作很容易让人陷入麻木与疲惫当中，对于团队也好，对于个人也好，灵感枯竭与创作热情消退几乎是每一个创作者都会遇到的瓶颈。

AI 的出现可以说是一个很好的解决办法，不知道该做什么？没有问题，我们可以从人工智能这里寻找回答。不要忘了，AI 的底层是一个巨大的数据库，有一种夸张的说法，人类古往今来所有的历史与文化都已经被用在了 AI 的训练上。就好像著名的科幻作家刘慈欣对于诗云的设计一样，重要的是如何从庞大无比的数据中如何挖掘出那些重要的数据。下面就从最基本的开始，让 AI 从最具有热度的话题中挑选出可能的选题方向。

> 问：
> 我正在创作视频，请你为我列出十个最具有热度的选题方向。我是一个个人创作者，难度太高的选题方向就不要列出来了。
>
> 通义千问：
> 当然，针对个人视频创作者，选择合适的热门选题是至关重要的。这里有十个当前流行且相对易于制作的视频选题方向，适合个人创作者：
>
> （1）日常生活Vlog：分享你的日常生活，如日常工作、美食制作、城市探索等，这类内容亲民且易于拍摄。

（2）美食制作与评测：在家尝试制作流行的菜肴或点心，并进行品尝和评价，美食总是能吸引观众的兴趣。

（3）技术产品评测：如果你对科技感兴趣，可以评测新出的科技产品，如智能手机、电脑配件等，提供购买建议。

（4）健康与健身：分享你的健身日常、运动指南或健康小贴士，特别是在家锻炼的内容，符合当前的健康生活趋势。

（5）教育性内容：制作一些教育性视频，如语言学习、编程教程或者生活技能的教学，帮助观众学习新知识。

（6）艺术与手工：展示艺术创作过程，比如画画、手工艺品制作等，这类内容很适合展示创造力并吸引喜欢DIY的观众。

（7）视频小说：如果你喜欢讲故事，可以制作故事视频，搭配不同的画面来讲一些短篇小说。

（8）搞笑视频与挑战：制作一些搞笑片段或参与流行的挑战，这类视频往往能迅速吸引观众并引起共鸣。

（9）书籍与电影评论：分享你对最近阅读的书籍或观看的电影的看法，这类内容对于喜欢文化和艺术的观众特别有吸引力。

（10）时尚与美妆：如果你对时尚感兴趣，可以创建关于时尚搭配或美妆技巧的视频，这些内容在年轻观众中非常受欢迎。

以上这些选题不仅具有较高的流行度，而且相对容易制作，适合个人创作者的资源和能力。希望你能找到适合自己的方向！

AI会根据当前的搜索指数列出一些热门的创作方向，这些方向都是一些比较含糊的大类别，创作者可以从中挑选自己感兴趣的继续深入。如果你有一些特定的方向，也可以将自己的想法告诉AI，让它帮助你继续拓展。

问：
我想创作一些科技类的短视频，请你帮我列举出未来五年最有潜力的新兴技术。

通义千问：

科技类的短视频是一个极具前瞻性和吸引力的内容方向。以下是未来五年内，我认为最具潜力的新兴技术，你可以考虑围绕这些主题制作视频：

（1）量子计算：虽然量子计算目前还处于初级阶段，但它的发展潜力巨大，能够处理传统计算机难以解决的问题，如复杂物理模拟和优化问题。

（2）增强现实（AR）和虚拟现实（VR）：这两种技术正在逐步改变娱乐、教育、医疗和零售行业，提供沉浸式体验和交互方式。

（3）5G及未来通信技术：随着5G网络的广泛部署，未来可能会迎来6G技术，这将进一步推动物联网、智慧城市和远程操作等应用的发展。

（4）生物技术与基因编辑：CRISPR和其他基因编辑技术正在革新医疗、农业和生物工程领域，带来定制化医疗和治疗方案。

（5）可持续能源技术：随着全球对可持续发展和清洁能源的需求增加，太阳能、风能和其他可再生能源技术将持续发展。

（6）自动驾驶汽车：自动驾驶技术将继续发展，不仅改变个人出行方式，还可能改变物流和运输行业。

（7）区块链与去中心化金融（DeFi）：区块链技术将扩展到金融服务、供应链管理和数字身份验证等领域，DeFi将继续挑战传统金融服务模式。

（8）边缘计算：随着设备智能化和数据量增长，边缘计算将成为处理数据和提供即时服务的关键技术。

（9）网络安全：随着数字化转型的加速，网络安全将成为保护企业和个人隐私的重要领域。

（10）人工智能与机器学习：随着计算能力的提升和算法的进步，人工智能和机器学习将进一步渗透到日常生活和工业应用中，如自动化服务、数据分析和智能决策支持。

围绕这些技术的短视频制作不仅能够吸引对科技感兴趣的观众，还能提供有价值的信息和见解，助力观众理解并应对快速变化的技术世界。

AI 无法取代人类的创造力和判断力，它只能作为一个思想的催化剂和灵感的来源，但是 AI 可以快速处理和分析大量信息，发现潜在的趋势和联系，这些是人类可能会忽视或需要花费大量时间才能发现的。根据这些方向，创作者可以延伸出更多的可能性，比如量子计算在医药研发中的应用、脑机接口技术对残疾人生活的影响等。这些生成的内容不仅可以直接作为选题使用，更重要的是它们可以激发创作者的思考，引导他们探索更深层次或更具创新性的角度，也可以要求 AI 提供更具体的案例、潜在的社会影响，甚至是可能存在的争议，快速构建出一个全面且深入的选题框架。

016
创建选题库

选题方向只是确立了创作的大体方向,如果要形成作品,还需要更加将这些宏观的方向转化为具体可执行的选题。在一个选题方向之下包含着众多的可能性,借助 AI 去生成某一个选题当然是件很容易的事情,但是这样做就浪费了 AI 的才能,而且还会带来一些问题——AI 可能会在一次一次独立的选题生成过程中给出重复的回答。

那么怎样做才能最大限度地发挥 AI 的价值呢?答案就是直接让它在一个方向之上生成选题库。将足够详细的信息输入给 AI,包括面向的内容领域,目标受众的特征,以及你希望探讨的具体主题或问题等。下面我们尝试着让 AI 帮我们生成一个短视频小说的选题库。

> 问:
> 请你根据下面的几点要求帮我创建一个选题库,要求按照三级分类的格式生成选题库表格(表 3-1):
> (1)选题方向为短视频小说,即使用短视频来讲一些短小的原创故事;
> (2)面向的观众群体为青中年群体;
> (3)题材与主题不限。
>
> 通义千问:
> 以下是为青中年群体设计的短视频小说选题库,每个二级分类下有三个具体的选题(表 3-1):

表 3-1 短视频小说分类库

一级分类	二级分类	选题名称
短视频小说选题	历史题材	皇宫中的秘密
		丝绸之路的传说
		古城的幽灵

续表

一级分类	二级分类	选题名称
短视频小说选题	科幻题材	机器人起义
		时间裂缝中的旅人
		虚拟世界的囚徒
	悬疑题材	密室逃脱的谜题
		忘记的罪行
		失踪的画作
	恐怖题材	森林里的尖叫
		镜子背后的面孔
		无声的电话
	奇情题材	时光机的遗产
		影子世界的邀请
		梦中的预言
	爱情题材	长跑中的相遇
		两个城市的故事
		末班车的邂逅

这个选题库设计的目的是为创作者提供丰富而多样的视频故事灵感，适用于制作引人入胜的短视频内容。

现在我们就拥有了一个结构化的选题库，根据情况可以继续扩展二级分类的数量，或者在二级分类中继续填充新的选题。将选题库进行合理的存档管理是很有必要的，选择笔记软件、Excel 表格或是更专业的数据库都是可以的，就看创作者自己的习惯了。

一个好的选题库不仅仅是一系列标题或主题的集合，它是一个动态的、可持续发展的创意源泉。通过这种方式，你可以从一个大主题衍生出数十甚至上百个具体的选题点子。而为了避免陷入创意的"舒适区"，你可以定期要求 AI 生成"反直觉"或"跨界"的选题建议，比如"哥斯拉遇到克苏鲁会发生什么"，这种看似荒谬的 idea 可能会激发出意想不到的创新选题。

017
脚本故事大纲生成

视频创作是一项系统性的工程，而大纲创作就是为这个复杂的过程搭建最基础的骨架。AI 工具可以帮助用户快速地构建内容框架，创作者只需提供核心主题或关键词，AI 系统就能迅速分析并生成一个结构化的内容大纲，大幅缩短了创意构思的时间，让创作者能够更快地进入实质性的内容创作阶段。现在利用上一节中所生成的选题来进行故事大纲的创作。

> 问：
> 我需要制作一个 1 分钟时长的短视频小说，请你根据下面这个具体的选题名称给出三种故事大纲与走向：
> 科幻题材—时间裂缝中的旅人
>
> 通义千问：
> 以下是三种不同走向的故事大纲，基于科幻题材"时间裂缝中的旅人"：
>
> 故事一：未来的警告
> 大纲：
> 开头：主人公是一位科学家，正在进行时间旅行的实验。在一次实验中，他意外地通过时间裂缝进入未来。
> 发展：在未来，他发现了一个末日即将来临的预言，和一种可以挽救现世的科技方案。他必须记住这个方案的细节，并返回自己的时代。
> 高潮：在返回的过程中，时间裂缝开始关闭，主人公必须在裂缝完全关闭前逃回去。
> 结尾：主人公成功回到原始时间，着手防止灾难的发生，但是否真的能改变未来，留给观众一个悬念。

故事二：穿越者的选择

大纲：

开头：主人公是一位历史学者，偶然发现了一个时间裂缝，并被卷入其中。

发展：他来到了过去的关键历史时刻，他的一个小动作意外改变了历史进程，导致未来世界发生巨大变化。

高潮：主人公意识到他的行为的后果，面临是否应该再次利用时间裂缝纠正历史的抉择。

结尾：最终他决定修正自己的错误，确保历史沿正确的轨迹前进，回归后对照历史书籍确认了改变。

故事三：永恒的循环

大纲：

开头：主人公是一位冒险家，在探索一处神秘遗址时，被吸入一个时间裂缝。

发展：他发现自己被困在一个循环的时间线中，不断重复同一天。

高潮：通过一系列试错，主人公开始理解时间循环的规则，并寻找打破循环的方法。

结尾：通过改变一系列小事件，主人公最终打破了时间循环，但发现自己已经回不到原来的世界，开始适应这个新的现实。

这些大纲提供了从科学实验的意外、历史干预的道德困境到哲学思考的时间循环不同角度的探索，适合 1 分钟短视频小说的紧凑叙事需求。

大纲只代表故事的大致走向，如果有不满的地方可以直接告诉 AI 进行修改。到这里各位读者应该能够观察出来一种趋势，在使用 AI 进行创作的时候，是由一个点开始，然后根据这个点不断地进行扩展与扩充，这就是分步完成与迭代的思想。AI 对于单个任务的完成能力是非常强大的，因此利用好这个能力可以更好地帮助创作者快速地生成各式各样的内容，由点到面，由面到体，一步一步地实现创作意图。

018
生成完整的故事

选择并修改故事的走向之后,使用 AI 将故事内容进行扩充,让其达到能够使用的标准。

问:
请将我所选中的故事扩充为完整的故事,故事内容要简短且富有戏剧张力:
故事一:未来的警告
……

通义千问:
故事标题:时间裂缝中的旅人—未来的警告

在一间充满仪器和电子设备的实验室里,托马斯·艾登,一位年轻的物理学家,正在对他的最新发明进行最后的调试:一台时间机器。托马斯一直梦想着探索时间的奥秘,今天,他即将进行人生中的第一次实验性时间跳跃。

开头: 托马斯启动机器,强烈的光芒和电流声响起,随着机器的震动逐渐增强,他感到周围的空间开始扭曲。突然间,他发现自己站在一个完全不同的地方——这里是未来的世界。未来的城市破败不堪,街道上空无一人,空气中弥漫着一种奇怪的寂静。

发展: 在探索这座未来城市时,托马斯偶然进入了一座图书馆,那里藏有未来的历史记录。他震惊地发现,这些记录中提到了不久的将来,发生了一件全球性末日事件。在另一份文档中,他还发现了一份名为"曙光计划"的文件。这是一种可以逆转气候灾难的纳米技术,但实施的时间窗口只有短短几年。托马斯拼命记下方案的每一个细节,他知道这是挽救现世的唯一机会。

高潮：　就在托马斯准备通过时间裂缝返回的时候，他感到裂缝开始不稳定并迅速关闭。时间紧迫，他奋力跑向裂缝的位置，心中不断重复着那个科技方案的细节。裂缝的边缘闪烁着不稳定的光芒，就在它即将关闭之前，托马斯纵身一跃，穿过了时空的门户。

结尾：　托马斯重重地摔在实验室的地板上，机器仍在轻微地震动，显示着他刚刚完成的时间跳跃。他立即记录下所有记忆中的方案细节，然后着手实施这个未来科技方案。但此时，一个可怕的念头闪过：如果这个计划本身就是导致末日的原因呢？

至此，除了一些需要修改的细节问题，视频的故事整体上就已经完成了，接下来我们来设计视频的分镜头。

019
分镜稿脚本大纲设计

分镜头就是一个视频中所有镜头的集合,也可以理解为视频中每一幅连续画面都是一个分镜头,每次画面切换都是切换到一个新的分镜头。创作者需要设计它每个镜头的具体内容,包括在这一镜头中角色的位置、表情、背景,甚至光线和阴影的变化。你得想清楚,这一镜头要从哪个角度开始,镜头是静止的还是移动的,角色是如何进入画面,又是如何离开的。

每一个细节都要精确到位,要确保每个部分都能精准地拼接起来,形成一个连贯的故事。分镜头脚本是为了确保视频的所有内容都有迹可循,能够最终汇集成为一个引人入胜的视觉故事。对于 AI 创作来说,分镜头设计的难度可以说是大大降低了,但是它需要创作的内容还是很多的,所以我们先从整体的镜头设计开始。

问:
请为下面这个故事设计分镜头脚本大纲:
时间裂缝中的旅人——未来的警告
……

通义千问:
为您设计的分镜头脚本大纲如下:

开头场景
镜头一:实验室内部
描述:实验室内部充满了仪器和电子设备。托马斯·艾登在调试一台复杂的机器,这台机器周围铺满了蓝图和科技仪器。
动作:托马斯检查最后的设定,然后按下启动按钮。

镜头二：时间机器启动

描述：机器开始发出强烈的光芒和电流声，随着机器的震动逐渐增强，托马斯围观的表情充满期待和紧张。

动作：托马斯观察仪器上的数据，光芒逐渐包围他。

镜头三：时间跳跃

描述：托马斯被强光包围，一阵眩晕后，他发现自己已经站在一个未来的城市中，城市破败不堪，寂静而荒凉。

动作：托马斯环顾四周，表情从震惊过渡到好奇。

发展场景

镜头四：未来图书馆

描述：托马斯走进一座废弃的图书馆，书架上满是尘土，但仍整齐地放着各种文档和书籍。

动作：他在书架上找到关于"曙光计划"的文件，急切地阅读。

镜头五：发现末日预言

描述：托马斯通过阅读历史记录，脸上的表情逐渐变得严肃，他意识到这个末日事件的严重性。

动作：他记录下纳米技术方案的细节，不断翻阅资料确认无误。

高潮场景

镜头六：时间裂缝不稳

描述：托马斯回到入口处，发现时间裂缝开始不稳定，闪烁的光芒预示着即将关闭。

动作：托马斯拼命冲向裂缝，心中重复着科技方案的细节。

镜头七：逃回现实

描述：时间裂缝在即将关闭时，托马斯纵身一跃，穿过裂缝。

动作：裂缝在他身后关闭，他重重地摔在实验室地板上。

结尾场景

8. 镜头八：记录方案

描述：托马斯迅速从地上爬起来，跌跌撞撞地走向工作台，开始记录方案。

动作：他一边记录，一边不断回头看向已关闭的机器。

9. 镜头九：深刻的疑虑

描述：托马斯坐在实验室中，表情复杂，眼神流露出深深的担忧。

动作：他望着手中的方案，思考这个计划是否可能是未来灾难的根源。

通过这个分镜头脚本大纲，您的故事将更具戏剧张力，同时保持快节奏的叙事，适合一分钟时长的短视频小说形式。

分镜头脚本大纲也还只是一个大纲，具体的镜头设计还要进一步去补充完善。

020
具体的分镜实现

在设计具体的分镜时就要考虑很多细节上的问题了,比如中景、近景、远景这些镜头类型,画面的色调,角色的设计等。使用 AI 设计这些内容的时候,还需要注意镜头的延续性。

> 问:
> 现在我们要进行这 9 个分镜头的细节设计,并附上镜头的旁白。先从第一个镜头开始:
> 开头场景
> 1. 镜头一:实验室内部
> 描述:实验室内部充满了仪器和电子设备。托马斯·艾登在调试一台复杂的机器,这台机器周围铺满了蓝图和科技仪器。
> 动作:托马斯检查最后的设定,然后按下启动按钮。
>
> 通义千问:
> 镜头一:实验室内部
>
> 画面描述:
> 场景设定:摄像机缓慢推进,穿过一个充满仪器和电子设备的繁忙实验室。各种闪烁的屏幕和运转中的设备散发着微光,整个房间弥漫着科技的未来感。
> 主体聚焦:镜头逐渐聚焦在托马斯·艾登身上,他正忙碌地调试一台看起来复杂且充满未来感的机器。机器周围铺满了蓝图和科技仪器,显示屏上流动着复杂的数据和图表。
> 细节特写:托马斯的手在机器上快速移动,调整设定,他的面部表情专注且稍显紧张。特写镜头捕捉他手指按下启动按钮的瞬间。

> 动作细节：
>
> 托马斯穿着标准的实验室白大褂，手套上沾有机油。他检查机器的每一个接口和显示数据，确保一切正常。
>
> 托马斯的动作显示出他对实验的重视和轻微的紧张。他深呼吸一次，然后坚定地按下启动按钮。
>
> 旁白：
>
> 旁白（温和而略带神秘感的男声）："在这间布满尖端仪器的实验室里，托马斯·艾登正站在他的时间机器前。这台他自己设计的机器，可能是人类历史上最大胆的尝试之一。今天，托马斯将进行他的第一次时间旅行试验，一个可能改变一切的时刻。"
>
> 此镜头设置旨在为观众建立科技感强烈的背景，同时通过旁白引入故事的核心主题——时间旅行，激发观众的好奇心和期待感。

依托于 AI 的上下文记忆能力，只要我们的问答是在一个话题之内进行的，就不需要太担心内容的延续性问题。而且短视频的脚本创作是比较简单的，现如今主流的文本大模型处理起来不会有太大的困难。

AI 所给出的其实是拍摄短视频的脚本，在我们使用 AI 进行全部内容的创作的时候，这种分镜头设计其实没有办法直接使用，毕竟后续的视频素材要靠图像生成和视频生成来完成。但这只是个小问题，在创作素材之前让 AI 将这些镜头设计转化为相应形式的设计描述即可，修改不需要在这里进行，不然会扰乱整个分镜头设计的工作。

一步一步将所有的镜头全部进行细节上的设计，短视频的脚本创作基本上就算是结束了，此外还剩下一些细节上的内容需要处理，主要是针对账号运营方面的一些设计。

021
视频引言

短视频具有它自身的特殊性,在现在这个时代,观众是没有兴趣听你平铺直叙慢慢悠悠去讲一个故事的,创作者必须想尽办法在第一秒钟就抓住观众的眼球。

现在比较公认的办法是在视频的开头使用类似引言的文本和画面来引导观众进入故事,如果观众在前三秒内被吸引,那么视频的完播率将会有惊人的提升,所以这一节主要讲一讲如何创作视频的引言部分。

> 问:
> 请为这个视频故事生成一段简短的引言,并附上对应的画面设计。要求要有足够的悬念,要营造出一种极其吸引人的氛围。画面为单幅静态画面,使用文字描述。
>
> 通义千问:
> 视频故事引言
> 引言文本:"在科学的边界,有些门是永远不应该被打开的。但对于托马斯·艾登,一个勇敢的物理学家,寻求知识的渴望驱使他走向了未知的边缘。今晚,他将启动一次实验,试图揭开时间本身的面纱。但是,当时间的门扉开启,他会发现什么?"
>
> 画面设计:
> 主人公托马斯·艾登穿着未来风格的防护服,正身处于一个炫目的时间通道中。时间通道由环绕的光线组成,光线如同流水一般流动,呈现出多种色彩,主要是蓝色和白色,象征着时间的冷冽与神秘。

> 托马斯面部表情专注而坚定，眼神锐利地望向前方，身体略向前倾，呈现出一种动态的穿行姿态，手中紧握着一种看似高科技的设备，可能是导航或稳定时空的工具。
>
> 通道的内壁闪烁着光点，仿佛是流动的数据或时间的碎片，这些光点时而聚集时而散开，增加了画面的动态感。
>
> 背景中隐约可见时空的扭曲效果，如同镜面反射的扭曲图像，加深了穿越时间的视觉印象。

引言部分更像是一种内容的预告，像电影的预告片一样，创作者要在其中展示出视频的整体氛围，最好再抛出一个问号，让观众带着好奇心进入视频。

AI 绘图编
Painting

　　视觉艺术一直是人类表达创意和情感的重要方式，绘画存在的历史也要远远超过文字。在 AI 多媒体创作中，AI 绘画的专业性是最强的，但是各位读者也不需要为此太过担心，AI 绘画的专业性只是相对于其他 AI 工具来说的。它多了一些特殊的机制来控制生成结果，但总体上还是在提示词系统的体系之内，而且很关键的一点，文本生成 AI 可以协助我们进行图像的绘制。

AI 绘画的入门

　　AI 绘画所使用的工具要稍微复杂一些，市面上林林总总也有了非常多的绘画模型，但是就生成内容的质量上来说，目前 Midjourney 和 Stable Diffusion 这两个平台依然处于断崖式的领先地位。

　　虽说都是基于同样的算法基础，这两种工具的侧重点却有着很大的不同。作为一个开源平台，Stable Diffusion 的生成控制能力是最强的，但代价是它的专业度很高，需要搭建环境，需要熟悉详细的参数命令，需要了解各个生成模型之间的区别与使用方法。而 Midjourney 则是走了另外一条商业化的路子，它非易于使用，作为创作者我们不需要知晓太多的专业知识，而且生成效果也足够惊艳。出于以上的种种考虑，最终本书选择了 Discord 端的 Midjourney 作为 AI 绘画创作的工具。

　　其他的一些 AI 绘画工具在使用难度上要比这两款工具低很多，也没有太多的参数设置，一般来说，仿照本书提示词部分的规则进行提示词编写也一样可以流畅使用。

022
绘画工具简介

想要使用 Midjourney，我们需要先一步下载 Discord 平台进行安装和注册。Discord 是一款聊天软件，Midjourney 就是搭建在这个聊天平台之上的 AI 绘画工具。来到软件的官方网站（图 4-1）。

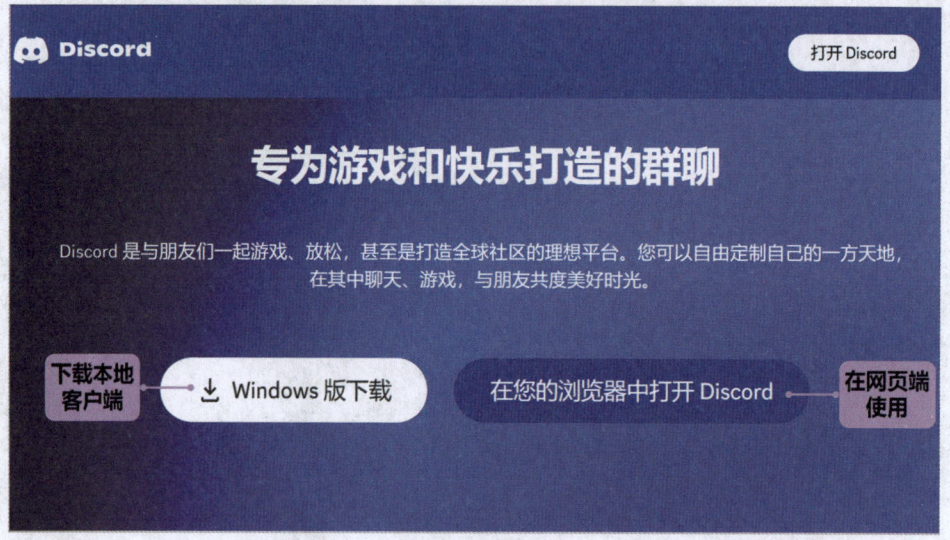

图 4-1 官网页面

Discord 这款软件总共有两种使用方式，一种是把客户端下载到本地进行安装，另一种是直接在 web 端使用，根据自己的偏好进行选择就好。接下来进行简单的账号注册（图 4-2）。

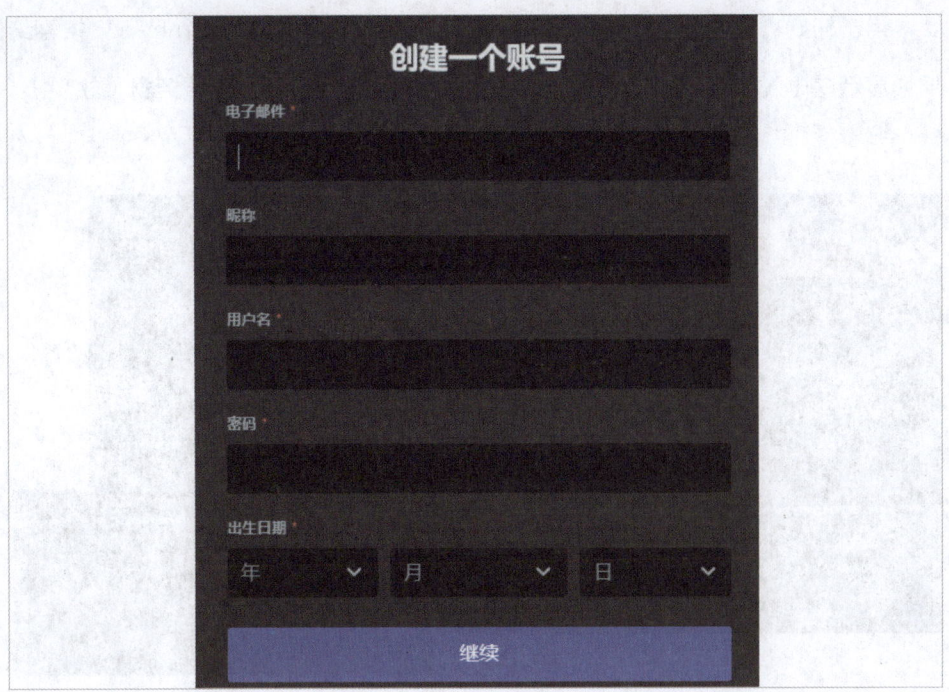

图 4-2 注册页面

完成注册后登录自己的账号，会进入软件的初始页面（图 4-3）。现在我们还没有办法使用 Midjourney，在 Discord 使用 Midjourney 需要通过调用聊天频道的聊天机器人来实现，那么首先我们需要加入 Midjourney 的聊天服务器。

图 4-3 初始界面

点击初始界面左上方的服务器搜索栏,在其中输入"Midjourney",搜索结果会显示在输入框的下方,点击 Midjourney 即可进入相应的聊天服务器(图 4-4)。

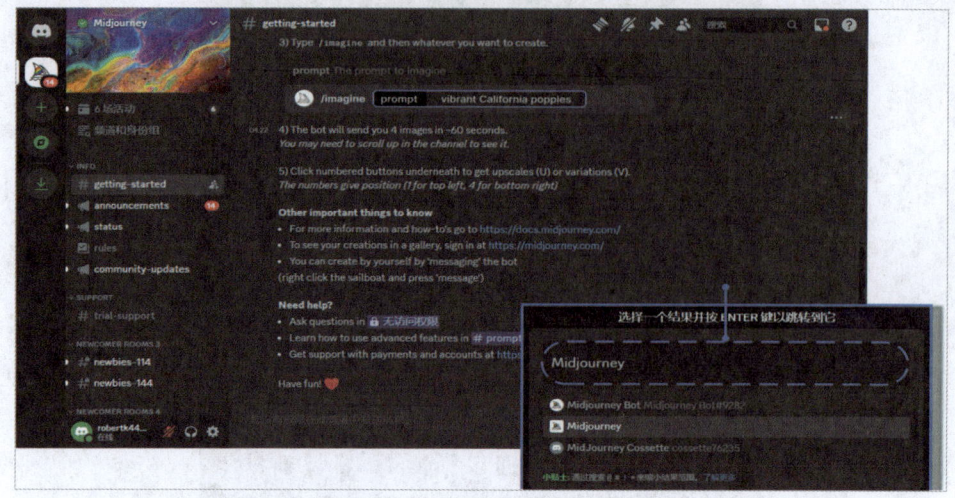

图 4-4 进入 Midjourney 的频道

在聊天服务器的界面中,经常用到的基本上是以下几个模块(图 4-5):

1. 聊天窗口

所有的聊天信息都会展示在这个窗口中,包括对话信息,也包括使用 Midjourney 所生成的绘画也会展示在这里。

2. 文本输入框

这里就是对话的输入框,输入的信息会出现在聊天窗口中。调用绘画 AI 就是在聊天窗口中实现的,后续的内容会进一步做详细的讲解。

3. 频道列表

每个聊天服务器下面都会分出若干个聊天频道,每个聊天频道的内容互不影响。在 Midjourney 的服务器中,带有"newbies-XXX"字样的频道就是绘画生成频道,在其中我们可以调用绘画 AI。

4. 自建服务器

在公共频道中,所有人都可以互相看到彼此的聊天信息,包括提示词、生成结果这些内容每个人都能看到,所以私密性会差一些。如果不想让别人看到自己的生成信息,可以选择创建自己的独立服务器进行绘画。

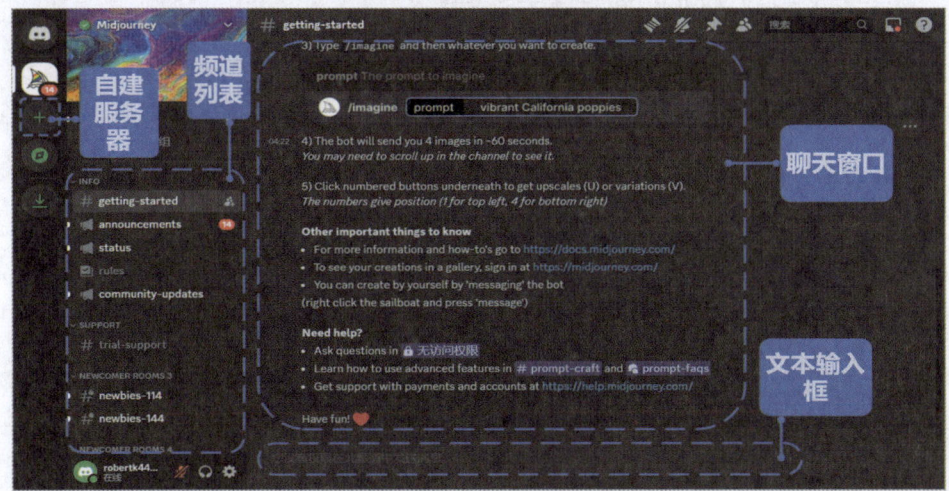

图 4-5 聊天室功能模块

点击创建服务器会进入初始设置页面(图4-6),接下来依次点击"亲自创建""仅供我和朋友使用",在自定义服务器的步骤中可以在文本输入框中设置服务器的名称,并且也可以创建个性化的服务器 Logo,最后点击创建即可完成私有服务器的设立。

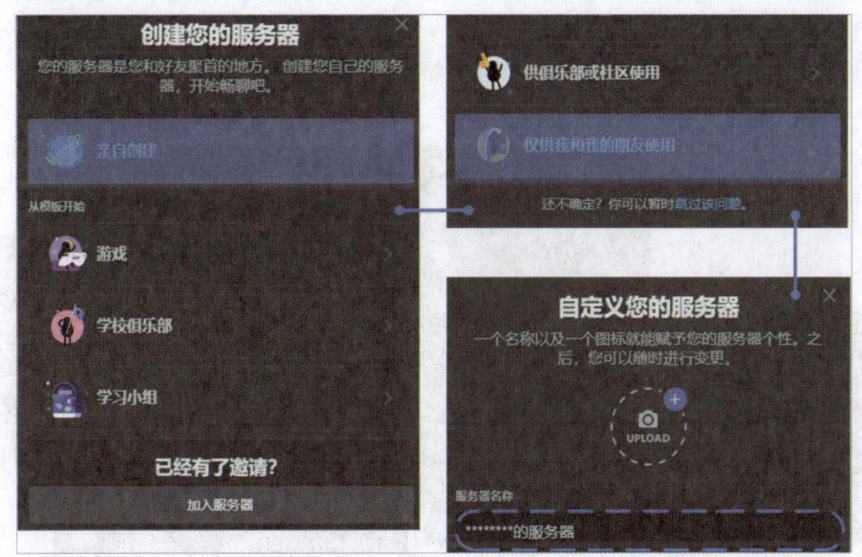

图 4-6 创建私域聊天服务器

创建完自己的服务器还没有结束,还需要把 Midjourney 的绘画 AI 导入到服务器中才能进行绘画生成(图 4-7)。

第一步,回到 Midjourney 的聊天服务器。

第二步,随便进入一个绘画频道。

第三步,点击聊天窗口某一个对话旁 AI 的图标。

第四步,在弹出的菜单中点击"添加 APP"。

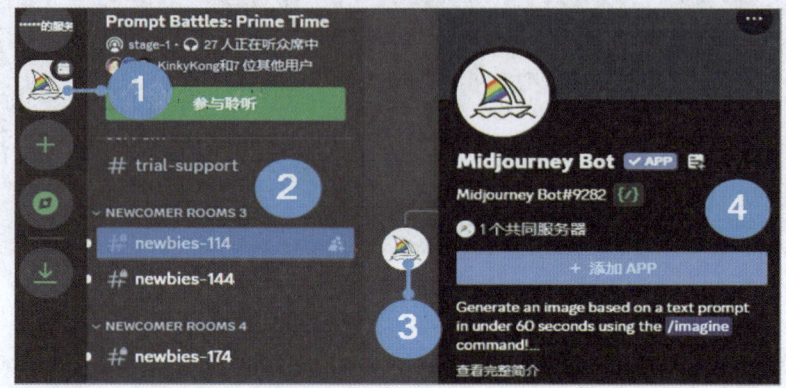

图 4-7 在聊天服务器找到机器人

进入添加页面后,点击"添加至服务器",选择刚才创建的私人服务器,最后选择授权给绘画 AI 在聊天服务器中的各项权限,一般默认就可以了,授权后会弹出提示窗口,告诉我们对话机器人已经添加完毕(图 4-8)。

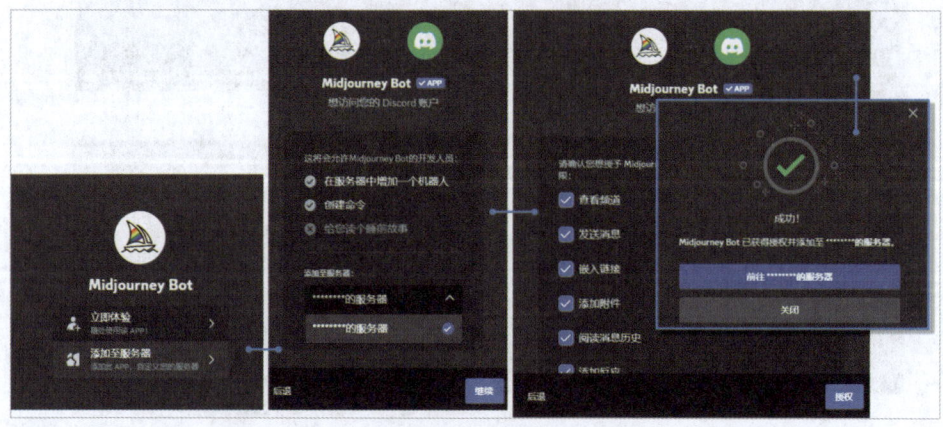

图 4-8 添加绘画机器人

023
生成我们的第一幅 AI 绘画

想在 Discord 中,绘画是通过在聊天栏中输入 imagine 绘画命令来实现的。点击文本输入框,键入斜杠"/",这个符号是调用命令的格式,键入后聊天窗口中会弹出命令选择菜单,选择其中的第一个 /imagine prompt 就可以调用绘画命令了(图 4-9)。

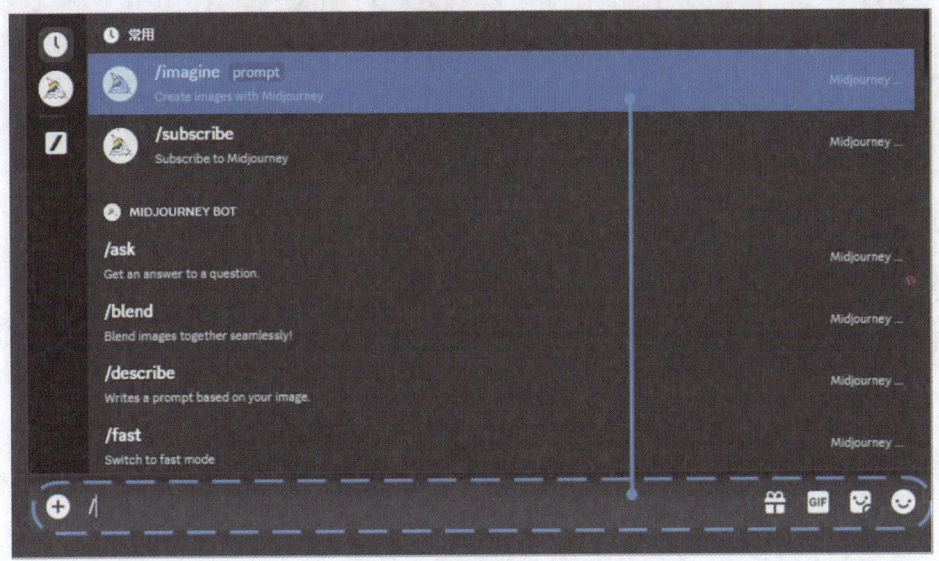

图 4-9 输入绘画命令

/imagine prompt 是调用绘画 AI 的命令格式,选择命令后在后面输入提示词,AI 就会根据我们的要求生成相应的绘画作品。需要注意的是 Midjourney 只支持英文提示词,后续的内容会告诉大家如何轻松解决这个问题。

现在输入一些提示词,来生成我们的第一幅 AI 绘画作品。在命令框中输入如下内容,按下回车发送消息(图 4-10)。

图 4-10 输入提示词

AI 接收到命令之后就会开始生成绘画,等待一段时间,系统会将生成结果发送到聊天窗体中(图 4-11)。

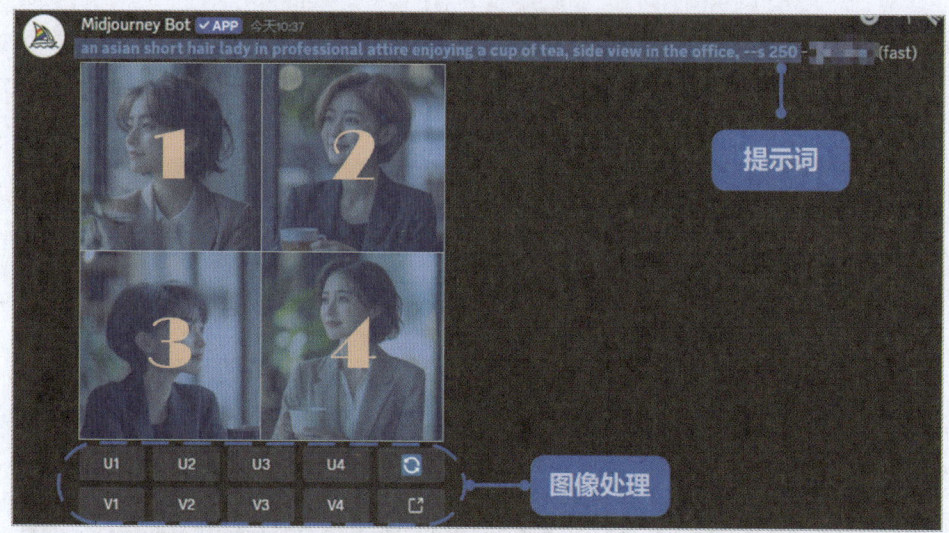

图 4-11 生成结果

在生成内容的最上方是本次所使用的提示词,下方则是一些图像处理的基础命令。默认情况下,Midjourney 每次都会生成四张图像,这些图像的排序编号如图中所示。下方的处理命令中,"U"指的是 Upscale,也就是将对应编号的图像进行进一步的细节处理,点击后系统会将对应的图像单独列出来,方便检查、修改和出图。而 V 则代表的是 Variation,它的具体功能是以对应的图像为底本重新生成四张风格与构图相近的图像。右侧的蓝底循环符号是使用本次的提示词重新生成四张图像,这一点是与 Variation 有区别的。

024
Upscale 命令

点击 U4,我们以这张图像为例来进一步进行编辑(图 4-12)。

图 4-12 图像的编辑处理

点把图像单独摘出之后,又多了很多新的处理命令。其中 Upscale 的基本功能是提升图像的分辨率,初始的图像分辨率是 1024 1024 像素,使用 Upscale 命令后图像的分辨率会提高到 2048 2048 像素。Upscale(Subtle)与的 Upscale(Creative)的区别在于,Upscale(Subtle)会忠于原图像,仅仅是提升图像的分辨率,而 Upscale(Creative)则会在提升分辨率的基础上对图像内容进行一些创意性的修改(图 4-13)。

图 4-13 两种不同的 Upscale 处理方式

可以看到两图还是有着比较明显的区别的，Upscale（Creative）所进行的改动随机性会比较大，在我们对原图已经比较满意的前提下要慎用。

但是 Upscale（Creative）有一个好处，它会修复图像中存在的一些缺陷，就比如图 4-13 中蓝色虚线圈出的部分。原图中右手有着明显的错误，Upscale（Subtle）完整地保留了原图的错误部分，但是 Upscale（Creative）却对这一个问题进行了修改。

025
Vary 命令

  Vary 是 Variation 的缩写，与 V 命令的功能很类似，也是用图片作为底本重新生成四张新的图像，只不过在这里生成的话可以控制得更细节一些。Vary（Subtle）是在原有的基础上不做太大的改动，相应的 Vary（Strong）就会在原图上进行更多的加工（图 4-14）。

图 4-14 两种不同的 Vary 处理方式

  可以看到 Vary（Subtle）保留了原图的构图、角色特征和动作，而 Vary（Strong）则更不像原图，很多元素都进行了改动。

  Vary（Region）是更加细节的修改，这项功能只会修改我们选中的局部区域，点击后会进入一个新的调整页面（图 4-15）。

图 4-15 对图像进行局部调整

局部调整依然是围绕着提示词进行的,这里我们在图像中选中了茶杯的区域,并把提示词中的"a cup of tea"更改为了"a rainbow-colored lollipop",修改后生成图像如图 4-16。

图 4-16 将茶杯修改为了棒棒糖

在实际的生图应用中主要用它来做两件事情,一是修改图片中错误的地方,二是更换原图中的某些元素。前者不需要修改提示词,把错误的部分框选出来就可以了,而后者还需要对提示词进行调整。

026
画布扩展命令

画布扩展的意思是在不修改原图内容的情况下,向画面的四周继续扩展画布的大小并填充内容。Midjourney 对于画布的扩展主要通过 Zoom Out 命令来实现,这些 Zoom Out 命令可以大致分为两类(图 4-17)。

提示词:
一位美丽的女性,闻着手中的花朵,傍晚的阳光穿过她的头发
(A beautiful woman smelling the flower in her hand, with the evening sun filtering through her hair)

图 4-17 基础扩展

Zoom Out 2 和 Zoom Out 1.5 可以归类为基础扩展命令,他们分别会将原画布扩展为二倍以及一点五倍。这两个命令在扩展画布的时候无法添加额外的提示。

←→↑↓四个方向命令则是用来定向平移扩展画布,他们的效果如图 4-18。

图 4-18 四个方向上的扩图

除了在扩图维度上的差别,在四个方向上进行扩图还可以控制扩展画面的内容,在执行命令时会弹出提示词修改的界面,这一点与 Custom Zoom 是一样的。Custom Zoom 可以理解为可以控制扩展内容的 Zoom Out,它同样是依据倍率来扩展画布的，只不过除了控制扩展内容，它还可以自定义扩展倍率，倍率只能在 1.0 到 2.0 之间选择。点击 Custom Zoom 与四向扩图会弹出中的界面（图 4-19）。

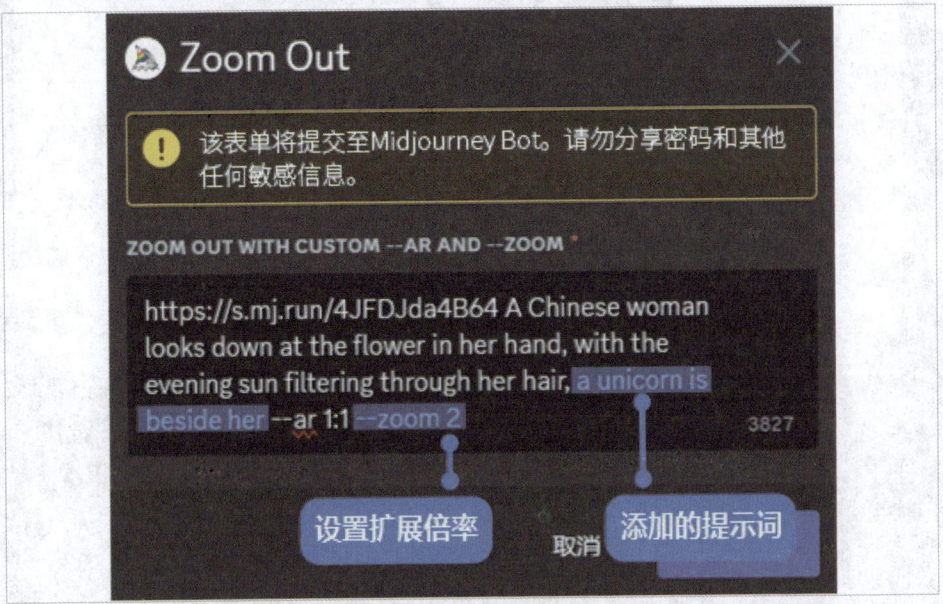

图 4-19 Custom Zoom

修改完成后点击提交，AI 会根据提示词为我们生成新的图像（图 4-20）。

图 4-20 Custom Zoom 扩展后的图像

绘画提示词详解

对于每一种生成式 AI 工具来说，提示词都是非常核心的内容，而针对生成内容形式的不同，每一种 AI 工具对于提示词的具体要求又都有所不同。本章将针对绘画的特性来详细解析绘画提示词的具体结构与内容。

5

027
提示词的整体结构

与文本生成 AI 不同，绘画 AI 除了文本提示词之外还需要其他的一些内容来辅助绘画的生成，它的主体结构如图 5-1。

图 5-1 提示词的整体结构

1. 图像提示 URL

这里是一串网络地址，指向的是某张具体的图像。图像提示也叫作垫图，也就是在生成图像的时候先给 AI 垫一张图像，让它参考这张图像去生成具体的内容。

2. 文本提示词

文本提示词是提示词的主体，在这里创作者需要描绘对于绘画内容的全部要求。

3. 参数控制

参数控制是一种辅助手段，参数所影响的主要是画面的形式与制式，对于绘画的主题是没有作用的。

028
使用图像提示

图像提示的 URL 可以直接使用网络上的图片，如果图片保存在本地，就需要先把图片上传到服务器，然后引用上传后图片的地址，Midjourney 不支持直接使用用本地图片。

创作者可以直接把图片上传到 Discord 的服务器内，有两种方法都是可以实现的（图 5-2）。一种是直接把图片文件拖拽到创作页面内，另一种是点击聊天框左侧的加号，在弹出的菜单中点击"上传文件"也可以。拖拽或选择文件后还需要按下回车才能完成图片的上传。

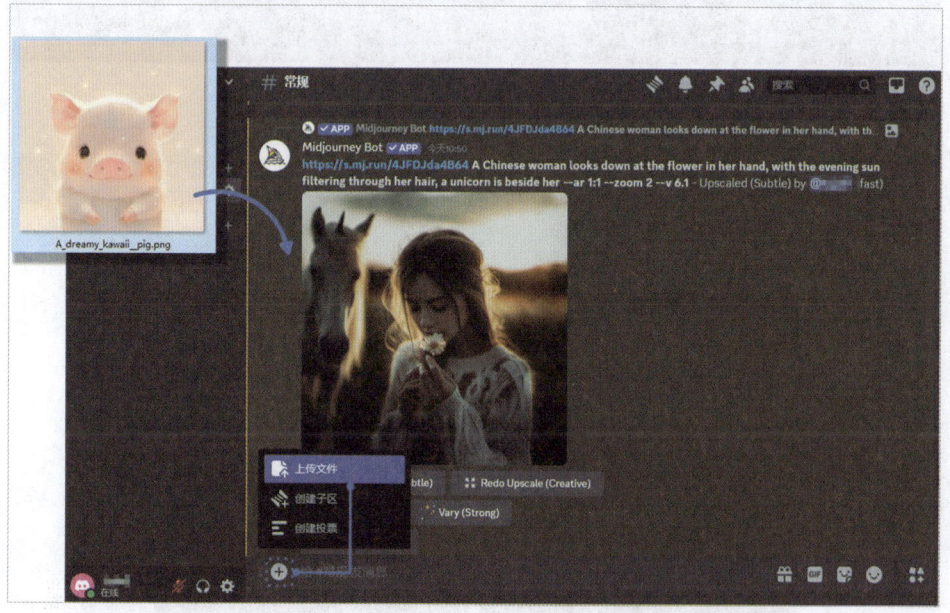

图 5-2 上传图片

上传图片后，图片会直接显示在聊天窗口中，此时将窗口中的图片直接拖拽到提示词输入框内，图片的 URL 就会自动作为提示词输入，这样就完成了图像提示的引用（图 5-3）。

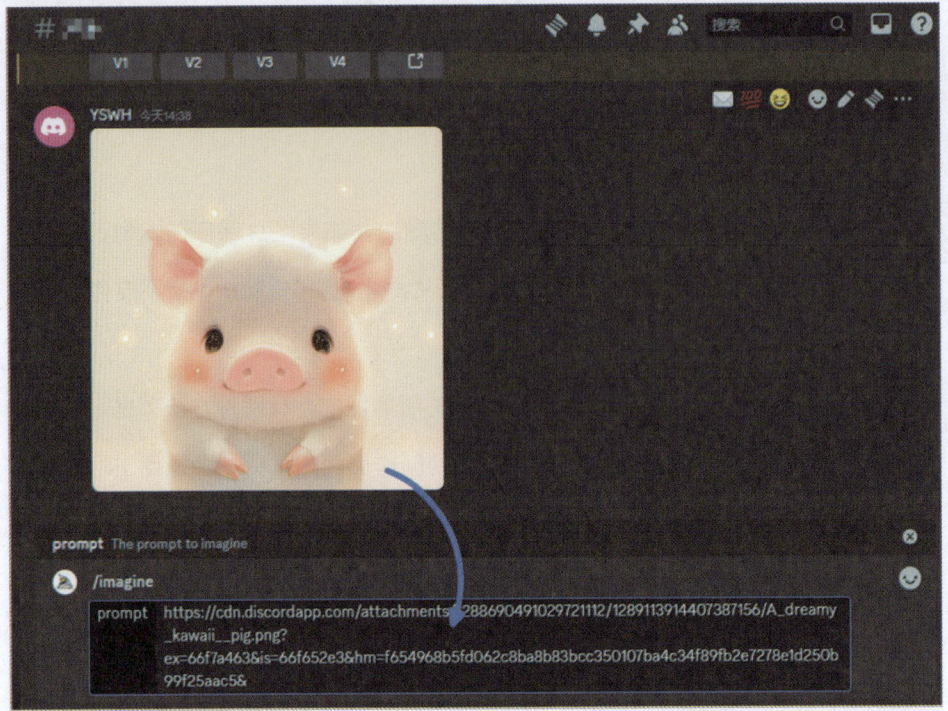

图 5-3 添加图像提示

现在来对比一下添加图像提示与否的不同效果。图 5-4 中是使用相同提示词生成的图像，其中一幅多了图像提示。

图 5-4 生成图对比

在拥有图像提示的情况下，生成内容的风格、构图等都会向提示图像靠拢，所以在创作者想要模仿某种图像风格的时候可以善用这个功能。

029
基础文本提示词

在文本提示词的部分,创作者需要在这里描述自己具体想要的画面内容,一段比较基础的提示词可以描述为下面这种结构:

A tiger swim	in the ocean, bad weather,	Impressionist style
主题描述	环境与细节	风格化

(一只老虎在大海里游泳,天气很糟,印象派风格)

这样的结构已经是一个完整的结构,足以让 AI 帮我们生成出比较确定的图像出(图 5-5)。

图 5-5 生成结果

030
文本提示词进阶

简单的文本提示词是很好写的，但如果想要更进一步，把文本提示词写得精细一些，去更加细致地控制图像的生成效果，那么就要多花费些许心思了。目前 Midjourney 所能识别的文本提示词大致可以分为八种类型，下面我们用一个表格来做进一步的讲解（表 5-1）。

表 5-1 文本提示词的不同元素

类别	内容
主题描述	什么样的角色在做什么样的事情
环境描写	画面是发生在什么地方，天气如何，周围都有什么
光照	光照　　　画面中的光照条件是怎样的，光线与角色有着怎样的互动效果
色彩	图像要使用怎样的色彩方案，比如黑白、暖色调、鲜艳的色彩等
构图	图像的具体构图是怎样的，表现为怎样的景别，是否要使用广角、超广角的画面方案等
情绪	角色是一种怎样的情绪，画面拥有怎样的情绪
图像媒介形式	图像是怎样的媒介形式，是照片、画作、街头涂鸦，还是插画、壁画、产品 Logo 等
风格化	图像具体是什么样的风格，是波普艺术、印象派、赛博朋克风格或者是某位画家的风格等

这个表格其实是对上一节所讲的基础文本提示词的扩展，把这些元素组合起来就能够比较精确地控制 AI 所生成的图像了。其中图像媒介与风格化有着一定的重合，比如照片风格与真实写实的风格基本上是一个意思，但是两者还是有着不小的区别的。媒介形式是一个层级更高，更笼统的分类形式，比如画作，在画作

之下还能分类出无数的绘画风格,那么这些细分的风格就是风格化的内容。创作者需要根据具体的创作意图来选择使用更大的媒介分类还是使用更加精确的细分风格,在没有太过确定的想法时,使用大的类别给予 AI 更大的创作自由是一种很好的创作启发。

下面我们来看一个应用的例子。

> 提示词:
> 真实照片,一个中国女孩,在破败的街道上,手执棒球棍,表情桀骜不驯,冷色调,远景,广角镜头(图 5-6)。
>
> (Photograph, a Chinese girl on a dilapidated street, holding a baseball bat with a defiant expression, in a cool tone, distant view, wide-angle lens)。

图 5-6 详细的提示词控制生成结果

使用 AI 绘画工具其实就是一个控制范围的过程,越详细的提示词,给 AI 所框定的范围就越狭窄,这样 AI 所给出的结果也就越接近我们的本意。编写提示词也是一个需要循序渐进的过程,为了得到足够优秀的生成作品,创作者必须有耐心,对于有瑕疵或者不准确的提示词要不断地修改。

031
注意力放在想要的内容上

在编写文本提示词的时候，创作者最好把注意力放在自己想要什么样的画面呈现和画面内容上面，而不要把自己不想要什么，去除什么写在提示词中，这样往往会起到相反的效果，就比如下面这个例子（图5-7）。

图 5-7 加入否定内容后生成的图像

> 提示词：
> 一场盛大的聚会，聚会中不要出现蛋糕。
> （A grand party, without any cakes appearing in it）。

大家会惊奇地发现，明明在提示词中已经告诉了 AI 不要出现蛋糕，可为什么 AI 所给出的绘画全部都有蛋糕？不仅如此，蛋糕已经成了画面的绝对主角。

这就是告诫大家把注意力放在想要的内容上的原因，AI 并不能很好地区分句子中所包含的否定含义。假如想要去掉画面中的某些元素，或者保证某些元素不会出现在画面中，可以通过参数控制来实现，这一点会在后续参数相关的内容中详细讲解，这里只需要记住一点，那就是不要把不想要的内容写进文本提示词部分。

032
角色名词的前后关系

假如创作者想要在一幅图像中写入两个角色,二者在提示词中的前后顺序是否会对生成结果造成影响呢?事实上,在不进行具体指定的情况下,排在前面的角色会默认作为图像中的主要焦点,来看一个例子(图5-8)。

图5-8 角色提示词的位置对画面构图的影响

在两次生成的作品中,提示词位于前方的角色都是作为画面的主体来呈现的,这一点在进行创作的时候需要留意,希望成为画面焦点的角色尽量安排在提示词的前端进行描绘。

033
AI 文本生成与绘画提示词

Midjourney 所使用的是英文提示词，这对于不熟悉英文的创作者来说相当不友好。翻译提示词并不是件简单的事情，尤其是一些比较复杂的提示词，使用翻译软件逐字逐句地翻译一来会花费很多额外的时间，二来也很容易出现翻译谬误，改变创作者想表达的原意。

既然文本提示词同样是文本，那么使用文本生成 AI 来帮我们翻译提示词就是顺理成章的事情，这样既能节省很多的时间和精力，而且文本生成 AI 对于语义的理解也能帮助我们少踩很多坑。比方说下面这段提示词。

问：
请将下面的这段提示词翻译为英文：
一名中国男性和一名中国女性依偎在一起坐在一张沙发上，男性坐在左侧穿着蓝色T恤和灰色睡裤，女性坐在右侧穿着墨绿色的运动装，两人都光着脚，视线越过镜头看着前方，类似电视机发出的光亮照亮了两个人的脸，35毫米电影风格。

通义千问：
下面是翻译的结果：

"A Chinese man and a Chinese woman are cuddled together on a sofa, with the man on the left wearing a blue T-shirt and gray sweatpants, and the woman on the right in dark green sportswear. Both are barefoot, their gazes passing over the camera to look ahead, their faces illuminated by a light similar to that emitted by a television, all in a 35mm film style."

将这段翻译后的提示词输入给 MJ 看看生成效果（图 5-9）。

图 5-9 看电影的情侣

在提示词中有一句"all in a 35mm film style"为生成设计了 35 毫米的影片效果，随后在生成中加入了设置宽高比为 16∶9 的参数，这一点没有展示出来。但实际上 35 毫米的电影风格的宽高比应该是 21∶9，可以看到在两个生成的图像中 AI 都对画面进行了裁切，使之更符合提示词所确定的风格。

像这样大段的提示词 AI 翻译起来只需要几秒钟，速度也要比手工翻译要快上许多。而且，翻译提示词只能算是最基础的功能，文本 AI 在图像生成中最重要的应用是归纳和扩展提示词。

034
提示词拓展

为了做好这一点,首先要告诉 AI 提示词生成的规则,这里把提示词进阶一节的表格作为训练规则输入给 AI。

> 问:
> 绘画 AI 所使用的提示词应考虑包含下表中的各项元素:
> (表略)
> 在后续的内容中我会让你生成绘画提示词,在你生成提示词时应综合考虑表中的各项元素。请你记忆我告知你的关于绘画提示词生成的规则,如果明白请回答"已明白"。
>
> 通义千问:
> 已明白。

这样就完成了对文本 AI 的预训练,接下来尝试一下实战,输入给 AI 一个简短的创意,让 AI 来丰富这个创意。

> 问:
> 我想生成一幅关于秋天的绘画,画面的主体是一名女性,画面的内容要表现出秋天万物萧索的感觉,请你根据要求为我生成提示词。
>
> 通义千问:
> 根据您的要求,这里是一份关于秋天的绘画提示词:
>
> 主题描述:一名女性孤独地坐在公园的长椅上,周围落叶满地,她手中拿着一本已经翻到一半的书。

环境描写：画面发生在一个典型的城市公园里，树叶已变成金黄色和深棕色，轻微的秋风拂过，天空阴沉。

光照：阴天，微弱的阳光从厚重的云层中偶尔透出，为画面增添一丝温暖的光线，光线与女性的身影交错，营造出一种忧郁的氛围。

色彩：使用秋季的暖色调，金黄、棕色和褐色主导画面，与灰蓝的天空形成对比。

构图：中远景，展现女性整个坐姿和周围环境，使用略微的广角视角来增强场景的深度感。

情绪：画面表现出一种寂寞和思考的情绪，女性的表情平静而深沉，透露出对即将到来的冬天的沉思。

图像媒介形式：这是一幅摄影作品，质感细腻，能够很好地表现光线和色彩的温暖感。

风格化：采用现实主义风格，注重细节的刻画和自然光线的效果，强调情感表达和景色的真实性。

这个提示词应该能够帮助绘画 AI 生成符合您描述的画面。如果需要调整，请告诉我。

AI 根据要求生成了提示词所需要的每一个部分，现在这些项目单列出来正好方便对不合适的地方进行修改。接下来只需要让 AI 把这几部分整合成完整的提示词就可以了。

问：
请你把这些分列的内容整合成一句完整的提示词，并翻译为英文。

通义千问：
这是一句整合并翻译后的绘画提示词：

中文版： 一名女性孤独坐在城市公园长椅上，手持半读之书，周围落叶遍地。阴沉天空下，偶有阳光穿透厚云，营造出秋日的忧郁氛围。照片画面采用金黄、棕色和褐色暖色调，展现现实主义风格，强调情感与景色真实性，表现女性的寂寞与深思。

> English version: A woman sits alone on a park bench, holding a half-read book, surrounded by fallen leaves. Under a gloomy sky, occasional sunlight breaks through the clouds, creating a melancholic autumn atmosphere. The photogragh uses warm tones of gold, brown, and tan in a realism style, emphasizing genuine emotion and scenery, depicting the woman's solitude and contemplation.

把提示词输入给 AI 即可生成绘画（图 5-10）。

图 5-10 秋天的摄影作品

这项功能非常强大，只要创作者有一个很模糊的点子，AI 就能将这个点子进一步地放大、填充，而它所给出的内容又能继续刺激创作者的创意，形成一种正向的激励循环。在创作的时候一定要善用 AI 的扩展能力，能够非常轻松地帮助创作者形成创作想法。

AI 绘画中的常用参数

同样是调整所生成的绘画,参数控制更多地是通过调整绘画 AI 底层模型的具体设置来影响绘画生成结果。

035
宽高比参数 --ar

宽高比也就是图像宽与高的比例，比较常见的有4∶3、4∶9、16∶9、21∶9这些。而控制生成图像的宽高比通过 --ar 参数实现，Midjourney 中的默认初始值为1∶1，具体的写法如图6-1所示。

图 6-1 宽高比参数的格式

我们不妨将提示词的标准格式表述得再清晰一些。

图像提示+空格+文本提示词+空格+--参数名+空格+参数值+空格+--参数名…

一段提示词可以包含多个参数，在书写参数部分的时候一定要留意空格，如果在不需要的地方多了空格，或者在需要空格的地方漏写了，都会被识别为非法格式而导致无法生成图像。在文本提示词的部分，空格就没有这么严格的要求了，整段提示词中最需要留意的就是各部分之间以及参数部分的空格。下面展示一些常用的宽高比（图6-2）。

> 提示词：
> 两层建筑的内部，浅色混凝土材质，平顶，大块矩形石铺设，外面可以看到一棵枫树，有一名女性在行走，采用建筑拼贴风格，傍晚时分的淡蓝色天空。
> （Interior of a two story building with light concrete and a flat roof, large rectilinear stone paving, a Japanese maple tree is visible outside, a woman walking, in the style of architectural collage, a pale blue sky at evening）。

图 6-2 不同宽高比

036
模型版本参数 --version

常说的 Midjourney 只是一个统称，在它的内部其实有着两个类别的模型组，Midjourney 模型组以及 Niji 模型组。Midjourney 模型组是原生模型，之所以说是模型组，是因为其中包含着不同版本的模型。大模型都是在不断地迭代发展中，每过一段时间平台都会推出新的模型版本。新版本都会在原先的基础上进行大量的升级，而不直接使用新版本去取代老版本的原因也是很好理解的，绘画毕竟是一件非常主观的事情，虽然老版本的模型在性能上肯定比不上新版本，但是在一些画面效果上这种不一样是很难区分出好坏的，保留老版本也就是保留绘画生成的多样性。调用版本选择参数的语句是 --version+ 版本号，简写为 --v+ 版本号，目前 Midjourney 的最新版本为 V6.1，这也是 Midjourney 的默认模型。

Niji 模型组则是 Midjourney 与 Spellbrush 合作开发的绘画模型，它最突出的能力是对于动漫风格与插图风格的图像生成，可以说是一种专项生成的绘画大模型。Niji 模型的版本调用参数为 --niji+ 版本号，目前的最新版本为 Niji6。

下面使用相同的提示词来看一下不同模型不同版本的生成效果（图 6-3）。

> 提示词：
> 一个女孩靠在台阶上，闭着眼睛在休息，离女孩不远的地方是大海，阳光猛烈，照在女孩的脸上。
>
> （A girl leans against the steps, eyes closed, resting. Not far from her is the ocean, and the fierce sunlight shines on her face）。

图 6-3 不同版本模型的生成效果

老版本模型同样有着出色的绘图能力,但是与新版本相比,成像质量会略低一些,而且对提示词的理解也存在问题。提示词中提到画面中应该出现大海的元素,但是两个老版本的模型同时忽略掉了这个要求,而新版本的模型就没有这个问题。

所以如果没有特殊的需求,那么使用最新版本的模型是更好的选择,在性能方面新版本比老版本还是要高出不少。一般情况下都是在 Midjourney 和 Niji 之间做选择。

037
角色参考参数 --cref

角色参考参数的功用是以某一张图像中的角色作为底本来生成新的图像，参数写作 --cref+ 参考图像 URL。接下来看一个具体的示例（图 6-4），假设需要基于中的角色来创作一幅新的作品。

图 6-4 参考角色

按照图像参考那一节的方法将图片上传至服务器，相似的方法，将上传后的图

像拖拽至 --cref 参数的后方即可完成引用，注意与参数之间的空格（图 6-5）。

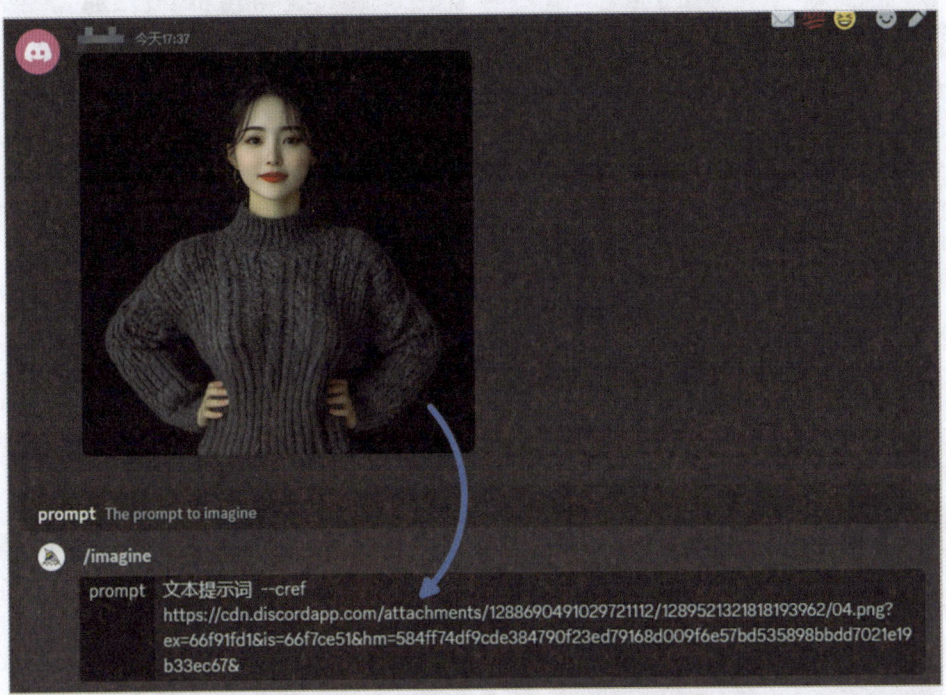

图 6-5 添加角色参考提示

现在就可以利用这段提示词生成新的图像了，下面放上使用角色参考与不使用角色参考所生成图像的对比（图 6-6）。

提示词：

一位女士坐在书店中，手托着脸正在出神。

（A lady sits in a bookstore, her hand supporting her face, lost in thought）。

图 6-6 参考效果

　　--cref 参数会让 AI 按照参考图像中的角色来进行会绘画的创作，并且它同时会对 Niji 模型产生影响，创作者可以利用它来生成动漫作品中的角色。

　　在使用角色参考参数的时候，角色底本图像中最好只保留一名角色，这样会大大提高生成图像的质量，并且角色参考很难去复原原图中角色太过细节的内容。

038
样式参考参数 --sref

接下来我们来介绍样式参考。样式参考参数的写法与角色参考参数有些类似，写作 --sref+ 参考图像 URL，注意不要混淆。sref 的意思是 style reference，s 代表 style，而 cref 的意思是 character reference，c 代表 character。

调用参数的方法也几乎一样，首先上传参考图像（图 6-7）。

图 6-7 参考图像

上传完毕后，拖拽图片到 --sref 的后方即可完成调用，与未经调用的提示词相比，区别如图 6-8。

> 提示词：
> 海滩边的风景。
> （view at the beach）。

图 6-8 添加参数与否的区别

--sref 还可以同时参考多张图片，具体的书写格式为：

--sref URL1：：数字 URL2：：数字 URL3：：数字

其中的数字代表着对应图像的参考权重，数字越大，参考权重也就越大。

039
三种图像参考方式之间的差异

至此我们已经遇见了三种参考其他图像的方法，分别是前置的图像提示，角色参考参数 --cref 以及样式参考参数 --sref。其中 --cref 与 --sref 虽然在形式上是最接近的，但其实 --cref 与其他两种参考方式的差别最大，它是以参考图像中的角色为目标的参数，而其他两者都是以参考图像的风格为目标。

图 6-9 不同图像参考的对比

图像提示与 --sref 之间的差异则要小一些，很多时候这两种参考方式是可以通用的，但其实他们之间也存在着差异。--sref 更加注重对于参考图整体氛围的模仿，而图像提示则会从各个细节上去追求与参考图的相似。下面来看一个例子（图6-9）。

--sref 只是做到了整体上的相似，而图像提示则是从角色外形、人物动作、图像构图等方面全方位地模仿。两者在图像风格与整体氛围上都模仿了参考图，而图像提示则更进一步，从画面构图上与元素的状态上也在尽力向参考图靠拢。例子中使用 --sref 所生成的图像中几名角色都是正脸朝向镜头奔跑，图像提示则是使用的角色的侧面角度去生成图像，这与原图是更为接近的。

040
否定提示参数 --no

在讲解文本提示词的时候曾经说过,想要确保某种元素不会出现在图像中,就必须使用参数来进行设置,这个参数就是否定提示参数。

否定提示参数写作 --no+ 元素,在它的后面可以一次性添加多个元素,写作 --no+ 元素一,元素二,元素三。比如下面这个例子(图 6-10)。

提示词:

傍晚时分的城市景观,画面上有一条长长的公路,梦幻般的色调

(An urban landscape at dusk, featuring a long road in the scene, with a dreamy color tone)

图 6-10 城市景色

在原始的生成图像中，由于使用了"城市景观""公路"这样的景象描述，车辆这一元素会在画面中占到很大的比重。虽然在提示词中并没有出现与车辆直接相关的词汇，但是 AI 会将其作为联想元素来进行使用。

如果不想在画面中出现，就得使用 --no 参数来阻止 AI 的生成，解除 AI 对车的拓展（图 6-11）。

> 提示词：
> An urban landscape at dusk, featuring a long road in the scene, with a dreamy color tone --no car.

图 6-11 抹除掉车这个元素

经过参数的处理之后，画面中已经不会再出现车这一元素了。

041
绘画质量参数 --quality

质量参数可以控制生成绘画的质量，写作 --quality+ 数字，简写为 --q+ 数字，数字这一项一般取值为 0.25、0.5、1、2 这四档中的一档，默认值为 1。具体来说，质量参数实际操控的是 AI 在生成图像时 GPU 的运算时间，取值越低分配给 GPU 的运算时间就越短，画面的细节就会越少，反之则越高，而 --quality 2 只有 V6.1 的模型才支持，老版本的模型是不支持的。实际的例子如图 6-12。

图 6-12 不同的图像生成质量

042
原生风格参数 --style raw

在默认设置的情况下，Midjourney 的绘画模型并不会完全遵从提示词的设计，它会在提示词之外对画面内容进行一些美化处理，让绘画更好看。这种"好看"基于的是 AI 模型自己的理解，而 --style raw 参数则会去除掉这种美化的作用，让 AI 更加贴近提示词的实际内容去生成绘画。来看下面这个例子（图 6-13）。

> 提示词：
> 新闻采访镜头，一位中国记者正在向镜头介绍城市的日出。
> （A news interview shot, with a Chinese reporter introducing the sunrise in the city to the camera）。

图 6-13 不同风格的生成结果

在对比之下这种差异性更为明显，默认生成风格的美化效果会让画面呈现出一种"滤镜"感，而经过 --style raw 参数处理过的画面则偏向写实，有一种不加修饰的真实感。这种直白感在生成一些摄影作品的时候是非常有用处的，写实的美学风格更加贴近提示词的原意，在创作者对提示词有了比较全面的掌控能力的时候，过多的美化效果反而会妨碍创作者真实意图的表现，这种情况下 --style raw 参数就成了一种不错的选择。

043
混沌度参数 --chaos

混沌度参数也叫作 chaos 值，写作 --chaos+ 数字（0~100），一般简写为 --c+ 数字（0~100），默认值为 0。通过调整 --chaos 的不同赋值，AI 能够生成更多出人意料的画面构图与内容。chaos 值越高，这种意外的效果就越好，反之则会更加贴近提示词的本义（图 6-14）。

> 提示词：
> 模特，东亚特征明显，面带雀斑，华丽妆容，背景是装饰精美、色调柔和的房间。
> （Model with strong East Asian features, freckles, glamorous makeup, and a background featuring a beautifully decorated room with soft colors）。

图 6-14 不同混沌度参数的生成结果

chaos 值越高，生成结果偏离提示词的程度也就会越高，在数值达到 100 的时候，已经看不出与原本的提示词有什么太大的联系。在使用 --c 参数的时候，一般来说取值在 25 以下是比较合理的，这样既能保持生成结果强关联提示词，又能得到更加多元化的出图效果。

044
风格化参数 --stylize

风格化参数 --stylize+ 数字（0~1000），简写形式为 --s+ 数字（0~1000）。参数会根据数值的高低为图像加入或多或少的细节修饰，默认设置下 --stylize 的值为 100，也就是说在提示词不带有相关参数的情况下，系统会隐含带有 --stylize 100 的参数作为缺省值。当参数值低于 100 的时候，画面中的细节会变少，而高于 100 的时候画面中的细节就会相应的增多，来看下面这个例子（图 6-15）。

> 提示词：
> 五彩缤纷、生机勃勃的室内外市场，包括模块化摊位、展示当地手工艺品和农产品，人们正在购物。
> （colorful and vibrant Indoor/outdoor market crafts and shops with modular stalls, local crafts and produce on display, people shopping）。

图 6-15 参数分别取值 0、50、100（默认）时的表现

参数取值越高，画面中所填充的细节就越多。但这并不是说 --s 的值就越高越好，过高的参数值会让图像多出许多冗余的细节，让画面变得非常杂乱，超过一定的界限之后图像甚至会背离提示词所限定的初衷（图 6-16）。

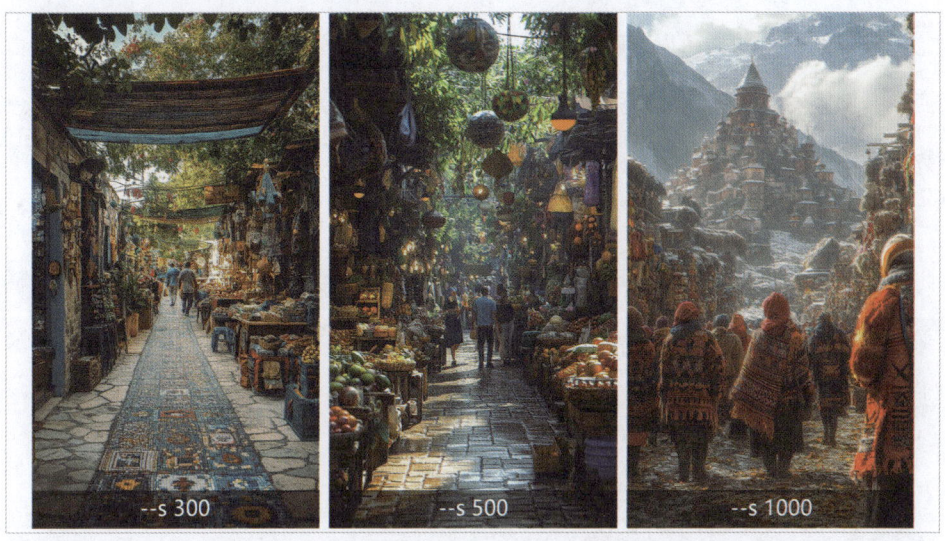

图 6-16 参数分别取值 300、500、1000 时的表现

在 --s 等于 300 的时候，生成的示例图像一切正常，但是当参数值调整到 500 时画面中开始出现一些多余的灯光与装饰，在达到 1000 后整个画面的主题已经发生了改变，与提示词的内容相去甚远。当然这种情况也不会总是发生，更多的是多出一些个必要的细节，在生成具体的素材时可以多尝试一些赋值，不同图像作品对于细节的要求是不一样的。

045
怪异度参数 --weird

怪异度参数同样可以影响图像的生成内容，所不同的是它的风格取向会让图像变得更加怪异、黑暗。参数写作 --weird+ 数字（0~3000），在使用时一般简写为 --w+ 数字（0~3000），参数默认值为 0。

怪异度参数的应用场景相对来说会比较狭窄，但是在生成一些特定风格的作品，比如哥特风格、克苏鲁风格时参数的效用会非常大，可以理解为这是一种特调风格参数。从这个维度上来说 --w 同样是一种美化参数，但是它的"审美"与传统意义上的美学风格不大一样（图 6-17）。

> 提示词：
> 万圣节，百鬼夜行。
> （Halloween, night of a hundred demons）。

图 6-17 不同怪异度参数的取值

怪异度参数更多的是一种风格取向，在使用 --w 进行创作的时候也可以搭配参数，进一步丰富画面的细节，这种用法也是官方所推荐的（图6-18）。

> 提示词：
> 一艘渔船在海面上，雾很浓，风浪很大，远处克苏鲁的巨大的身影隐藏在雾中。
> （A fishing boat on the sea, thick fog, high waves, and the enormous figure of Cthulhu looms in the distance, hidden in the fog）。

图 6-18 搭配风格化参数使用

加入 --s 后画面的细节处理明显得到了提高，可以看到右下角第四张图片的水面纹理已经偏向了现实摄影的风格，细节上的丰富程度与拟真程度达到了比较高的水准。

046
图像风格参数之间的对比

本书已经介绍了 Midjourney 四种影响成图风格的参数 --c、--s、--w 和 --style raw，这一节就对这四种参数做一个系统性的对比，来看表 6-1 对这四种参数做的总结。

表 6-1 不同风格参数之间的对比

参数名称	参数名称	缩写	取值范围	缺省值	参数用途
混沌度参数	混沌度参数	--c	0~100	0	增加生成图像的随机性
风格化参数	风格化参数	--s	0~1000	100	提升画面细节与质感
怪异度参数	怪异度参数	--w	0~3000	0	增强图像的怪异程度
原生风格参数	原生风格参数	无缩写	开启或关闭	默认关闭	取消 AI 的默认美化滤镜

混沌度参数与怪异度参数都会影响图像的风格走向，但是使用 --c 所生成的图像风格是随机的，并不会框定在某一种风格之内，这一点与 --w 不同，使用 --w 所生成的图像会定向朝着怪异、黑暗的方向发展。

风格化参数 --s 会给生成的图像添加更多的细节，这种细节并不是只有美化滤镜一种功用，画面中的元素精细程度同样会受到影响。而 --style raw 则只针对模型的美化滤镜作用，画面的细节依然可以保持原始的丰富程度。

047
拼贴参数 --tile

拼贴参数能生成一些可以像瓷砖一样拼贴在一起的图像。拼贴参数写作 --tile，下面来看一个具体的例子（图 6-19）。

> 提示词：
> 一种由彩色几何图形组成的图案，水粉风格 --tile。
> （a pattern of colorful geometric shapes, gouache style --tile）。

图 6-19 拼贴画

图 6-20 拼贴后的图案

取出第二幅图像,复制多张之后拼贴在一起,各张图像之间都可以做到平滑过渡,无缝拼接(图 6-20)。

048
重复生成参数 --repeat

重复生成参数写作 --repeat+ 数字，简写为 --r+ 数字。它所实现的功能是将一个生成任务重复运行数次，也就是使用相同的提示词多次进行生成。参数后面所跟的数字范围跟当前账号的充值状态有关，基础订阅账号的权限是 2～4 次，标准订阅账号的权限是 2～10 次，专业订阅账号的权限是 2～40 次。

--r 这个参数的应用场景是有限的，一般在进行创作的时候需要不断地根据生成结果调整提示词，假如使用 --r 参数后发现提示词有问题，那么等于浪费了很多的生成次数，所以只有在明确提示词不需要修改的前提下才会使用，进而快速生成图像，以供创作者挑选。

当然还有一种情况，即结合 --chaos 来使用，这样的话在一个比较大的方向框架下可以快速生成许多风格各异的图像，帮助创作者做出各种尝试。

049
种子控制参数 --seed

AI 绘制图像有着极大的随机性，而这种随机性有一部分原因是通过种子值这一机制来实现的。模型在生成图像之初会制造一个随机的噪声场，种子就是用来决定这个噪声场的初始形态。随着模型技术的发展，现在已经可以做到由独立的种子数值推出一模一样的生成结果。

种子参数写作 --seed+ 数字，它的取值范围是 0~4294967295。在早期的模型中，使用相同的种子值可以得到相似的图像，而在 V4 与 Niji 之后，同样的种子值可以生成一模一样的图像。当然，前提是使用同样的提示词，种子值并不是静态的，不依赖于对话之间的一致性。首先在不固定种子的前提下使用 --r 来生成两次图像，看一下生成结果（图 6-21）。

```
提示词：
睡美人 --r 2。
(Sleeping beauty --r 2)。
```

图 6-21 不固定种子的生成结果

这样的生成结果是很正常的，虽然使用了相同的提示词，但是不同的生成结果使用了不同的初始种子，得到的结果也就不尽相同。下面加入 --seed 来固定种子（图 6-22）。

提示词：

睡美人 --r 2 --seed 12121。

（Sleeping beauty --r 2 --seed 12121）。

图 6-22 使用相同种子的生成结果

在固定种子之后，两次的生成结果完全一致。种子参数在调试图像生成的时候是很有用的，它可以帮助我们更进一步地了解模型的各项底层实现效果与实现逻辑。

050
停止参数 --stop

在这一节的内容中就要用到前面的种子参数了。图像的生成是一个过程,在生成了初始的噪声场之后,画面中会遍布着密密麻麻的"噪点"。生成图像的过程就是一层一层去除噪点的过程。

停止参数写作 --stop+ 整数(10~100),不同的数值代表着图像不同的完成度,越接近 100,图像的完成度就越高,图像的细节也就越丰富。下面来看一个具体的例子(图 6-23)。

图 6-23 不同的停止参数

> 提示词：
>
> 美丽的枫叶 --seed 12321。
>
> (Beautiful maple leaves --seed 12321)。

这里使用了 --seed 参数来固定生成种子，这样可以保证四次的生成结果在不加干涉的前提下是一样的。从例子中可以清晰地看到整个图像生成的过程，AI 绘画是一层一层进行的，从一开始的噪点慢慢还原出整幅画面。在完成度到了 60% 的时候，其实图像的整体已经完成了，之后模型又对细节进行了进一步的填充。

停止参数同样可以用来节省时间，在生成图像的进度达到一定程度以后就已经能看出画面的大致效果，所以配合固定种子能够快速地进行生成结果的尝试，而不用等待模型将完整的图跑完。

051
视频参数 --vedio

如果说停止参数是静态地展示图像生成的话，那么视频参数就是动态地展示整个图像生成的具体过程。在提示词的末尾加上 --video 就可以调用视频参数（图6-24）。

> 提示词：
> 一个小村庄在圣诞节时被雪覆盖，氛围感十足的场景 --ar 3：2 --video。
> a little village at christmas time covered in snow, moody scene --ar 3：2 --video。

图 6-24 图像生成过程

Midjourney AI 会把整个过程制作成一个独立的视频，连续地展示如何生成一组图片。这个视频是无法直接在生成对话界面观看的，系统只会给出图像的生成结果，创作者还需要让服务器把视频发送过来。

点击此次生成结果右侧的笑脸图标，在弹出的菜单界面中继续点击邮件图标，此时系统就会把这一次的生成结果以私信的形式发送给我们（图 6-25）。

图 6-25 让系统发送视频

现在就能在系统私信中查看这个视频了，点击左上角的 Logo 进入私信页面，此时在右侧的浏览窗口中就能够看到系统发送给我们的生成结果了。私信的末尾就是视频的地址，通过这个地址可以浏览或者下载视频（图 6-26）。

图 6-26 下载视频

052
个性化风格参数 --personalize

　　个性化风格参数是一个大数据类型的参数，它会根据创作者在社区中对于图像的浏览点赞记录调整生成图像的整体风格。调用参数使用 --personalize 或者简写形式 --p，这是一个效果在不断变化的参数，需要注意的是它所考虑的权重只针对他人的作品，创作者自己的作品是不会影响参数的具体倾向的。创作者也可以通过 --p code 来调用其他用户的个性化风格参数，使用他们的风格喜好来生成自己的作品。

AI
视频编
Video

视频已成为当今数字时代最具影响力的媒体形式之一，AI视频生成技术正在重新定义视频制作的边界，借助AI工具，创作者能够以前所未有的速度和规模实现他们的视觉构想。

从技术上来说，视频生成模型可以算作是绘画模型的一种延续，视频本身是由多幅静止画面按照一定的时间间隔连续播放的结果，从摄影机被发明出来一直到今天，这种本质上的东西从没有改变过。回到大模型本身，既然绘画AI可以绘制图像，那么只需要给这些图像加入一个时间上的坐标，让AI生成一连串带有时间标记的连续图像，再把这些图像按照顺序匀速播放就得到了视频，视频生成模型的原理大致就是如此。

视频生成入门

  虽然有着非常广阔的技术前景,但是视频生成在今天依然是一种不够成熟的技术,即便是最优秀的大模型,也只能把视频时长延展到一分钟的长短。在实际应用中,更多的是把视频生成作为素材的生成手段——既然生成的视频太短,那么只用来当作分镜头的创作工具是完全可行的。本书所采用的是可灵视频生成模型,鉴于各家的大模型所采用的都是同样的底层算法,除了一些细节上的差异,完全可以将这套使用方法套用在所用的视频生成模型中去。

053
注册与登录

打开浏览器，搜索相应的关键词，点击链接来到官网首页（图 7-1）。

图 7-1 官网欢迎页

打点击"立即体验"进入次级页面。平台共分为 AI 图片、AI 视频、视频编辑三个模块，点击中间的"AI 视频"，进入注册登录界面，跟随提示完成注册（图 7-2）。

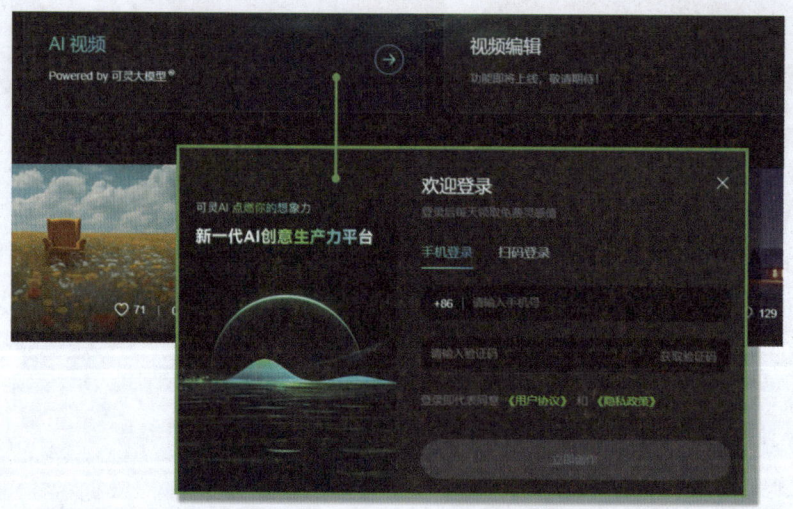

图 7-2 注册平台账号

进行简单的注册以后就可以使用模型来生成视频了。

054
认识视频生成工具的界面

工具的主界面如图7-3。

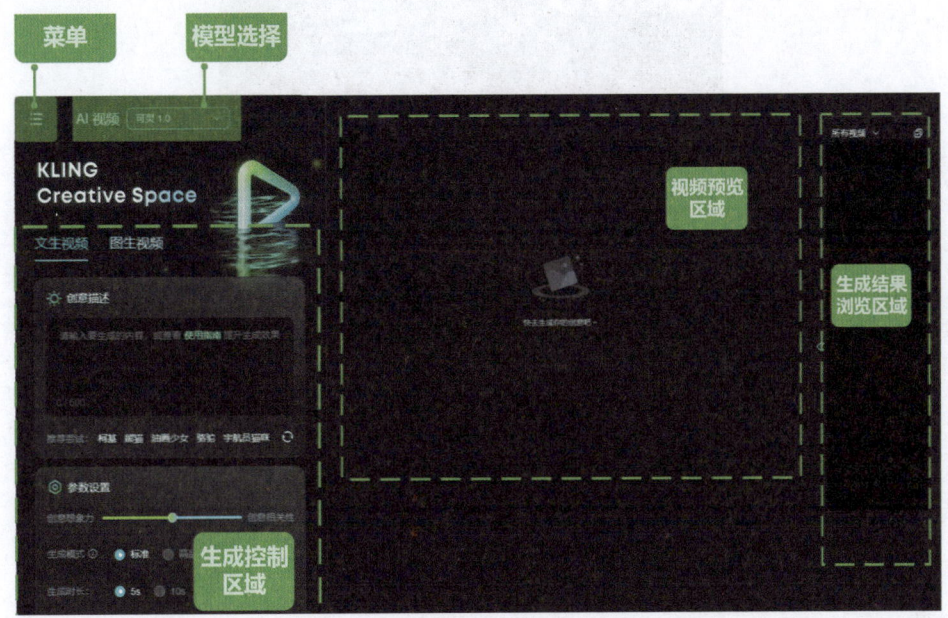

图7-3 视频生成主界面

我们来逐一认识一下界面的不同区域。

左上角的"菜单"中是一些基本的功能导航,比如说返回主页,或者进行一些账号的设置。它右侧的下拉菜单可以更换视频生成所使用的模型,目前只有可灵1.0和可灵1.5两种可以选择(图7-4)。

新版的模型在生成算法上会更先进一些,所生成的视频质量也会更高。老版本模型由于算力要求较低,所以可以生成更长的视频。

界面的中间位置是视频预览区域,所生成的视频文件可以在这里查看具体的效果。视频生成的历史记录可以在界面右侧进行查询,在这里也可以监测视频的生成进度。

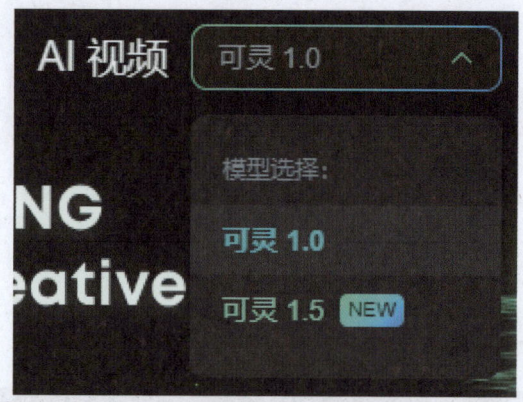

图 7-4 模型选择

界面左侧的生成控制区域是视频生成的操作区域,对于生成结果的控制都是在这片区域中实现的。针对不同的生成路径,这片区域总共有两套操作面板,通过"文生视频"和"图生视频"两个标签进行切换(图 7-5)。

图 7-5 生成方式选择

界后续的章节会详细讲解这两种视频生成方式,这里只先大致了解整个工具的区域划分。

055
生成我们的第一个视频

视频生成的方式与文本生成、图像生成相似，同样也是基于提示词。在控制区域的上方就是提示词的输入框（图7-6）。

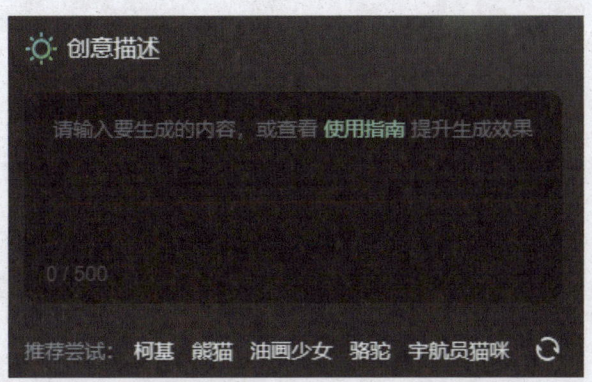

图7-6 文本提示词输入区域

将想要的画面形成文字，输入给AI就能得到一段短视频。在文本框的下方会显示一些系统推荐提示词，在没有太明确的想法时，也可以使用这些提示词来找找灵感。点击相应的关键词，系统就会为我们生成一段标准提示词（图7-7）。

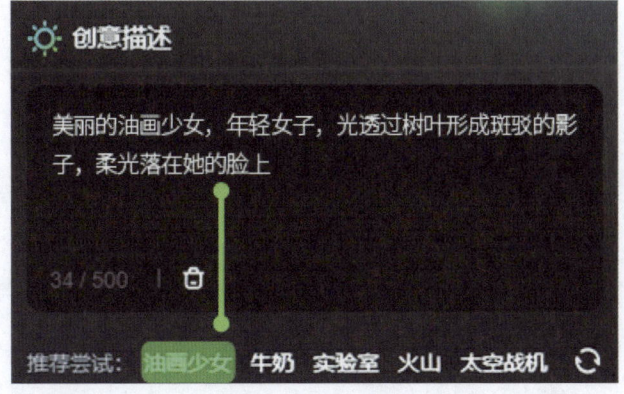

图7-7 使用系统提示词

在右侧的历史生成记录中也可以观察到视频的生成进度（图 7-8、7-9）。

图 7-8 等待生成

图 7-9 进度观察

至此我们第一个 AI 视频就制作完毕了，最终的视频效果如图 7-10。像这样的生成质量可以直接拿来作为素材使用了，其实模型的理解出现了一些偏差，在原本的提示词中我们发出的指令是"美丽的油画少女"，但好在视频的质量足够高，作为素材储备也是没有什么问题的。

图 7-10 生成结果

本章讲解了一些视频生成的基础内容，也通过自己的双手尝试生成了一个视频，这并不是一件很难的事情。后续内容将会更多地分析视频生成的操作技巧，从中就可以知道如何细致控制视频生成结果。

文生视频详解

视频生成总共有两种渠道,通过提示词直接生成则是更为基本的一种方法。本章将以提示词的结构作为起点,详细讲解文生视频的生成控制以及参数设置。

056
提示词结构解析

提示词作为我们与大模型之间的交流语言，能够直接决定模型最终的生成结果，它的重要性是不言而喻的。为了能够让 AI 更加明白我们的真实意图，结构化的提示词可以起到非常大的帮助，在文本生成 AI 的部分曾经讲解过提示词的书写规范问题，对于视频生成模型来说，可以将其总结为下面这个结构。

一只小熊猫	在街道上	玩耍，	天空在下雨，中景拍摄，背景虚化
角色	环境	动作	镜头设计

这句提示词就是视频生成最基本的一种结构。

角色就是视频中的焦点表现对象，也是镜头叙事的中心。角色不一定非要是活物，可以是人，小动物，植物，也可以是无生命的物体，如瀑布、岩石等。对于角色经常还会有一些描述性的短语或者词汇，比如"一只粉色的小熊猫""一只戴着墨镜的小熊猫"等，这些也一并算在角色的状态中。

动作表示当前的角色处于一种什么样的状态，静止的或是运动的都是可以的，包括肢体处于怎样的姿势，脸上带着怎样的表情都是角色的动作属性。但最好不要写一些太过复杂的动作，AI 理解起来可能会有困难。

环境则是描绘的当前角色处于怎样的环境中，这也是很好理解的，角色坐在哪里，背景是怎样的地方，这些都属于场景描写。也可以对场景进行更加细节的设置，但是不宜写太多，否则容易让生成结果变得怪异。

镜头设计类似于现实中在拍摄视频时的镜头控制，以及滤镜、灯光这些拍摄层面的效果控制。可以设置中、近、远景的取景距离，也可以控制视频中的灯光效果、光照方向，或者是特殊的镜头滤镜等。

在这个结构中，最为核心的部分是角色、环境和动作这三者，有了这三个基本的单元,视频就已经可以成立了,其他描述性的内容则是更进一步地细化场景中不同元素的细节。接下来用上面这段提示词生成一个视频,看看效果如何(图8-1)。

图8-1 利用提示词生成的视频

提示词结构的意义在于帮助我们更精确地描述出想要的效果,在元素不齐全的时候,AI则会将缺失的部分补充完整。当然,这种补充是基于AI对于视频内容的理解,虽然生成的内容不再能准确地表达我们的意图,但是在缺乏思路的时候,这不失为一种启发思路的好方法。

057
画面参数设置

在左侧的生成控制区域中，可以对视频的具体效果进行一些参数上的控制，其中参数设置一栏如图 8-2。

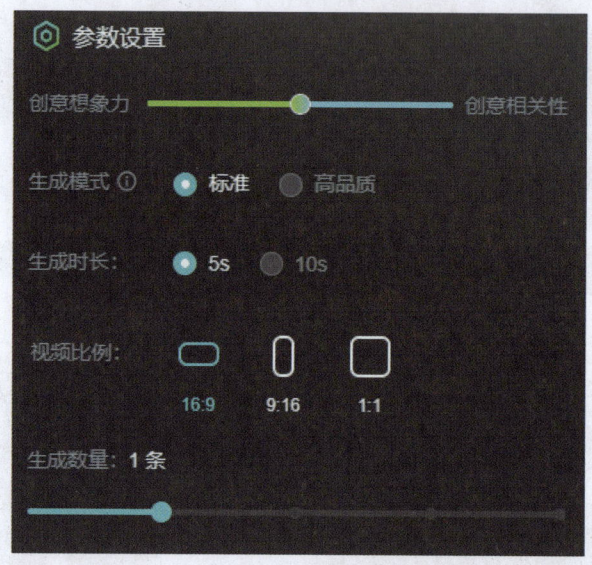

图 8-2 画面参数设置

1. 创意想象力与创意相关性

这个项目可以调整 AI 在生成视频时的思维发散程度，越靠近创意相关性，最终的视频就会越遵从我们的提示词设计；而越靠近创意想象力，视频内容中就会有越多的内容是 AI 自由发挥的结果，默认值是 50。

2. 生成模式

生成模式决定生成视频质量的高低。这里说的质量并不只是分辨率意义上的质量，使用高品质模式所生成的视频会拥有更加丰富的细节，会花费更高的推理成本。标准模式所生成的视频在细节上不如高质量模式，但是更低的推理成本也就意味着更快的生成时间，所以具体选择哪种模式还得根据实际需求进行取舍。

3. 生成时长

这一点比较好理解，就是指定模型生成视频的持续时长。一般来说对于比较复杂的提示词可以选择较长的时长，这样 AI 所生成的视频在表现逻辑上会更加严谨一些。

4. 视频比例

视频比例也就是视频的宽高比，AI 平台提供了三种比例供我们选择（图 8-3）。

> 提示词：
> 一个洋娃娃在客厅和小熊跳舞，诡异，冷暖色交融。

图 8-3 不同的宽高比

不同的宽高比主要取决于素材的需求，如果是准备在 PC 端上线的视频，就选择16∶9的画幅，手机平台那就选择9∶16的画幅。1∶1画幅的阔高比适用性更平均一些，根据不同的平台进行裁剪即可。

5. 生成数量

在这个条目中可以设置同时生成的视频数量，类似绘画AI，多生成几个更方便挑选成品。数量最小设置为1，最大为4。

下面设置一些参数来生成一个视频示例（图8-4）。

> 提示词：
> 一个洋娃娃在客厅和小熊跳舞，诡异，冷暖色交融。

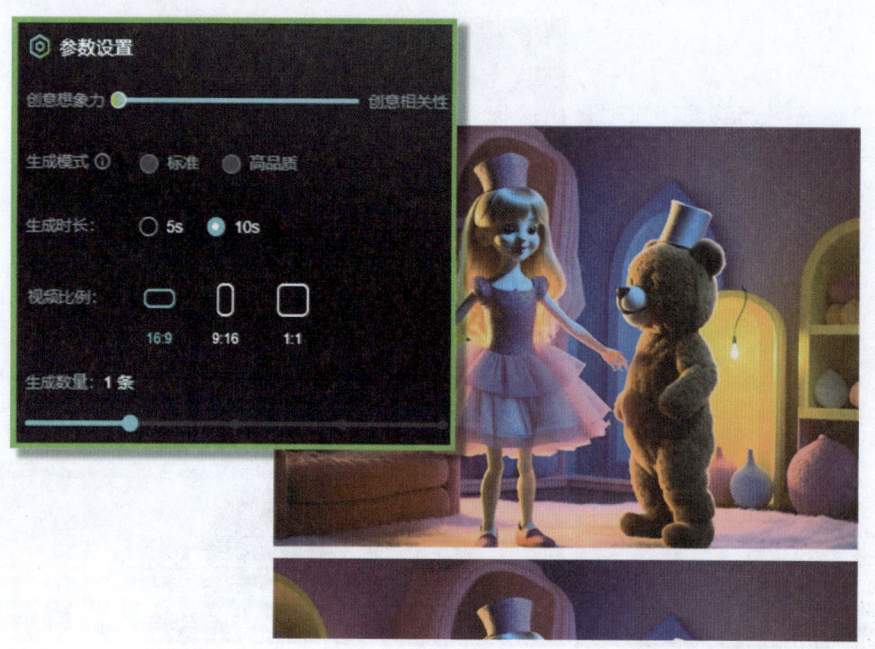

图8-4 参数设置

不对于不同的模型与模式，可操控的项目也会略有不同，这一点大家在实验中多加尝试就能体验到其中的不同。

058
运镜控制设置

在参数设置的下方是运镜控制模块，在这里可以控制视频中镜头的运动轨迹。打开模块下方的下拉菜单，可以在其中挑选合适的运镜方式添加到视频中去（图8-5）。

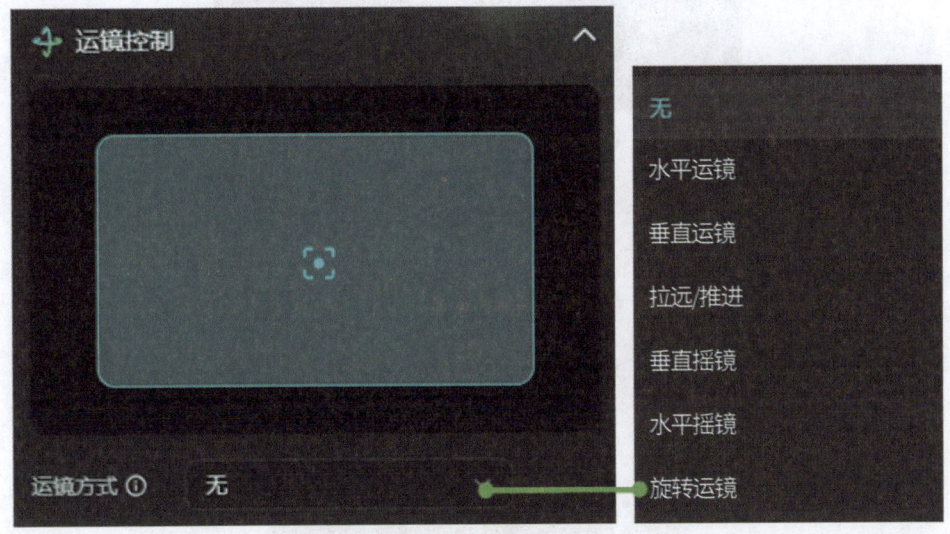

图 8-5 运镜控制设置

选择运镜方式之后，通过拖动下方的滑动条可以调整运镜的方向与幅度，以图8-6 为例，选择拉远、推进，画面中间蓝色的框体表示镜头的运动结果，灰色的框体表示镜头的初始状态，此时拖动到最右侧表示推进镜头，最大值为 10，同样地，如果滑动到最左端的话，就表示镜头拉远，最大值也为 10。

图 8-6 镜头拉远 / 推进

现在用图中的设置生成一个视频（图 8-7）。

> 提示词：
> 一只戴着太阳镜的柯基在热带岛屿的海滩上漫步。

图 8-7 加入推进运镜的视频

每种运镜方式都有其不同的用处，在生成素材的时候主要是结合视频脚本的设计，需要什么样的镜头就做什么样的效果。

059
负面提示词

负面提示词也是提示词的一种，但是它的功能比较特殊。假如说一般的提示词是把想要的角色、动作、场景等内容写进去，那么负面提示词则是将不想在画面中见到的情况写入提示词。它的输入框如图8-8。

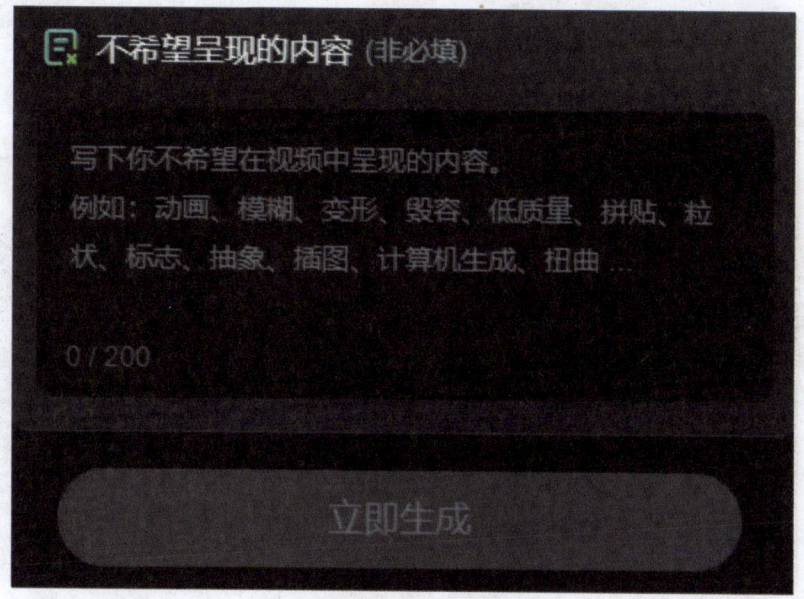

图8-8 负面提示词与生成按钮

那为什么不在提示词中直接写明我们不想要的东西呢？这一点与图像生成其实很相似，在提示词中写出不要某某事物不但无法去除某种东西，反而会让它更多地出现在画面中。比如使用下面的提示词生成了一段视频（图8-9）。

> 提示词：
> 一场生日聚会，不要出现蛋糕。

图 8-9 提示词无法去除蛋糕

单纯在提示词中进行说明无法去除某项不需要元素，想达成这一目的必须使用一些特别的手段。在绘画模型篇用的是加上后缀参数的方法来控制的生成结果，那么在面对视频生成模型的时候，所用的就是负面提示词。下面将蛋糕作为关键词加入负面提示词中，看一下最终的生成结果（图 8-10）。

在使用负面提示词限制生成内容之后，蛋糕终于从画面中消失了。其实从图

8-8 也可以看出，负面提示词不仅仅是控制 AI 的生成内容，对于视频题材、视频质量也能起到很大的辅助作用。

图 8-10 利用负面提示词处理不想出现的元素

图生视频详解

　　对于商业应用来说，图生视频比起文生视频有着更大的应用场景。由于算力的限制，目前的视频生成模型还没有办法制作大段的长视频，在实际应用的时候基本上都是以单个镜头为单位，再间接地用多个短素材拼接成一个完整的视频。这样做就带来了不同镜头中一致性的问题，而以图片作为参考能在一定程度上缓解这个难题，使用固定的角色、起始构图去控制生成的结果。

060
图生视频的提示词结构

  图生视频以图片作为视频生成的核心，对生成结果的控制基本上都是围绕着初始图片来进行的。控制内容走向的手段比较多样，其中就包含了文本提示词。图生视频的提示词主要针对参考图像的元素应该如何随着时间变化，它的主体结构就像下面这个示例一样。

女孩	闭上眼睛，	镜头	上移，	更加完整的展示	天空
角色	动作	环境	动作	动作	环境

图 9-1 参考图像

图生视频的提示词可以分为角色加动作、环境加动作两个层面的内容，使用提示词标定角色与环境所实现的运动轨迹。图生视频已经有了场景，所以创作者只需要在提示词中写出参考图像中的角色与角色所需要实现的运动即可。如果有多个角色，那么按照顺序依次进行列举即可，这个方法在大多数的视频生成 AI 中都是通用的。

在描述提示词的时候语言结构尽量不要太过复杂，简单清晰的词语与句子结构有利于 AI 理解创作意图。角色与环境的运动方式也要符合基本的物理规律，如果描述的运动过于离奇，或者提示词内容与参考图像差异过大，那么模型就会直接使用转场来解决这种难以理解的问题。现在的模型还无法实现太复杂的物理运动，像是抛物线或者球体的弹跳、形变这种轨迹函数比较麻烦的场景，AI 理解起来会非常吃力。

另外，不要因为 AI 会自动填充提示词就省略掉一些元素，这样会造成 AI 的困惑。虽然提示词的内容不必写得很丰富，但是基础的元素构成在体诗词中是不可缺少的，结构完整的提示词才能让 AI 去更好地响应创作者的真实意图。左面就使用这段提示词配合参考图像（图 9-1）来生成一段视频。

图 9-2 使用图生视频的生成结果

生成的结果如图 9-2。

061
图片上传

创作者需要将参考图像上传至服务器才能进行图生视频的操作，有一些 AI 平台需要自己引用图像的 URL，在操作上类似于 Midjourney 向平台上传图片。更多的是像可灵这样上传后可以直接引用，上传功能在界面左侧的创作区域（图 9-3）。

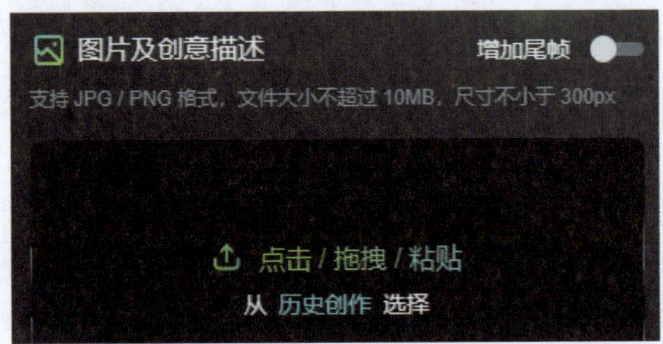

图 9-3 参考图上传

点击窗体的中心位置，会弹出文件上传界面。找到本地保存的参考图像，注意文件格式与大小尺寸的限制，上传完成后如图 9-4。

图 9-4 上传参考图之后

完成后在下方的输入框中输入提示词即可进行视频生成的操作。

060
设置首尾帧

前面所讲的图生视频是通过设置首帧的方式来控制视频的生成效果，也就是说把参考图像作为视频的第一帧，视频的内容以这一帧作为起点来生成具体的内容。在这种情况下，创作者还是无法精确地控制整个视频的走向，既然如此，不妨再给整个流程设置一个确定的最后一帧，这样视频的首与尾就都有了确定的形式，整体的生成内容就能再精确一些。这样控制第一帧与最后一帧的方法就是首尾帧模式。

打开创作面板顶部的"增加尾帧"开关，图像上传面板会变为图 9-5 中这样的形制。

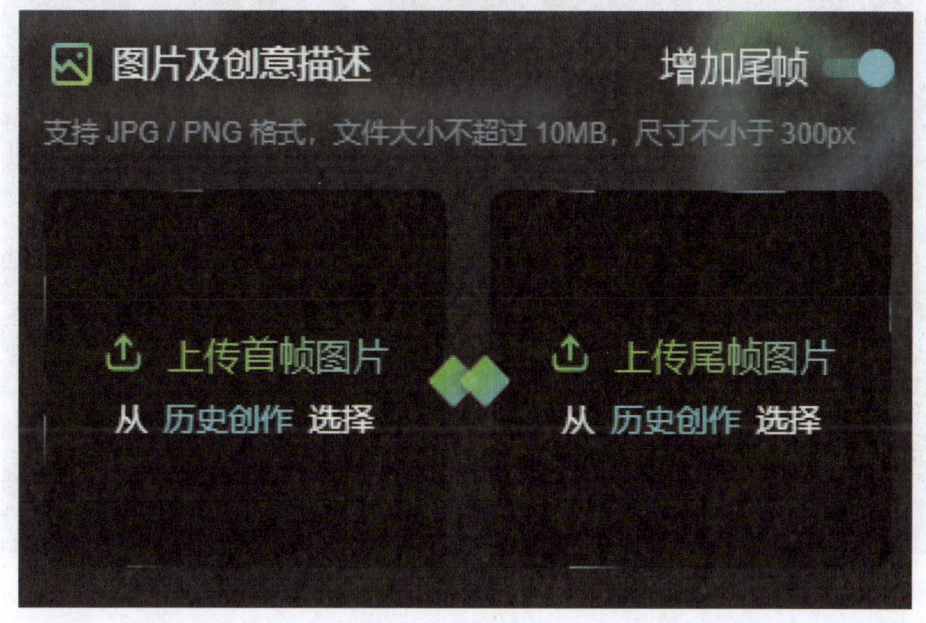

图 9-5 首尾帧上传

图像上传变为了两个框体，左侧用来上传首帧的参考图像，右侧用来上传尾帧的参考图像。现在上传两张参考图片，同时在下方的输入面板写上一些提示词（图 9-6）。

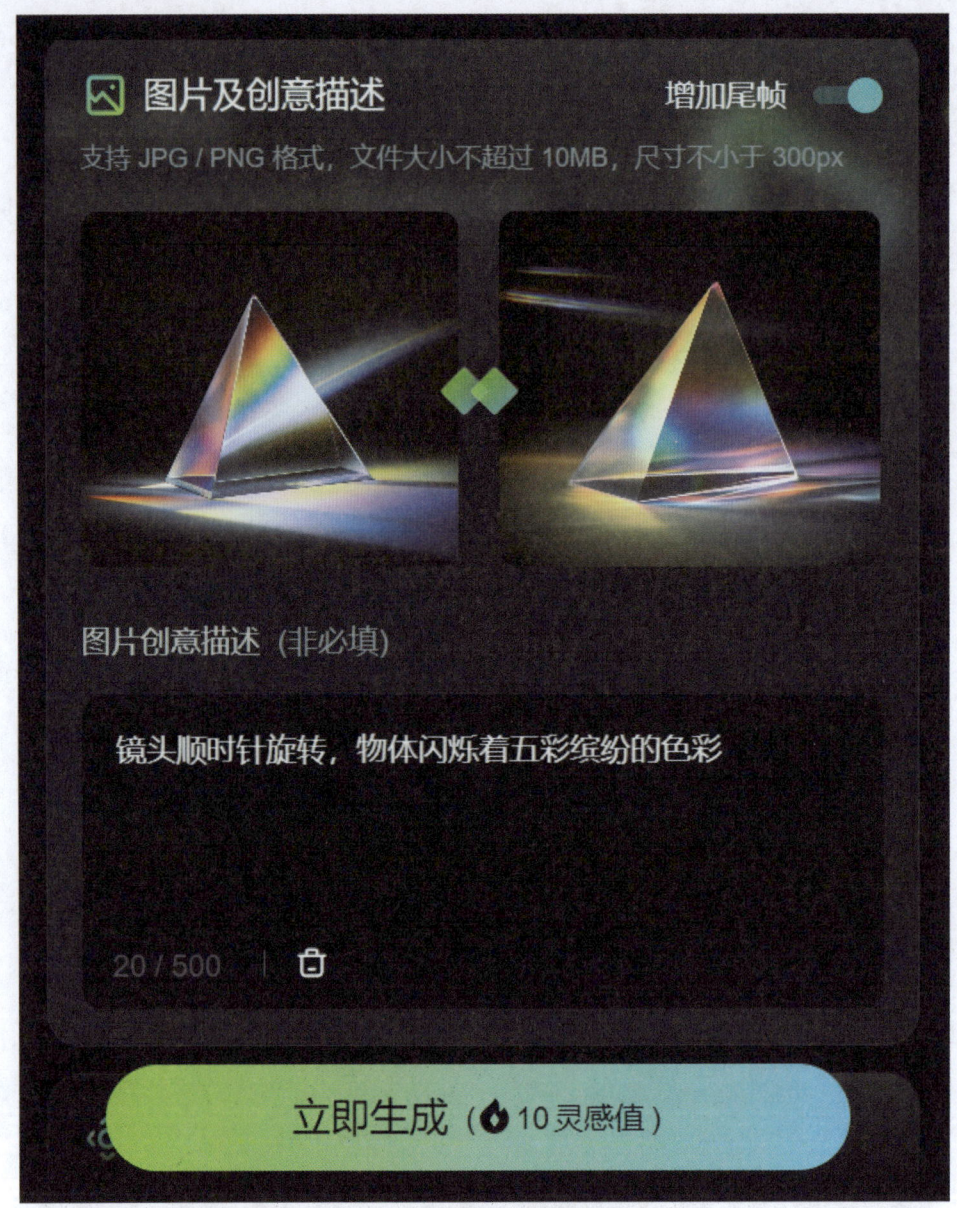

图 9-6 首尾帧生成模式

在使用首尾帧模式的时候最好使用两张主题与内容、风格接近的图像,这样的话 AI 比较容易用视频内容进行流畅的衔接,如果图像之间差异太大的话,AI 会直接处理为转场。在生成素材的时候要避免这种转场的处理,因为效果不可控,创作者还是应该以单个镜头为目标来进行视频的生成。这种相近的图片可以借助绘画模型进行生成,利用参数控制是能够达到这样的效果的,比方说生成同一个背包在不同角度的展示图,这样使用视频生成后就能制作出一段动态旋转展示的最终视频的效果如图 9-7。

图 9-7 使用首尾帧控制所生成的视频

063 运动笔刷控制

运动笔刷是一种更加细节的控制方法,有很多运动轨迹很难使用文字进行描述,如物体在画面中曲折地行进轨迹,具体要走到哪,怎么走。运动笔刷能够指定角色具体的运动方式,按照创作者的期望精确地生成运动轨迹。

运动笔刷位于创作面板中,点击"去绘制"就能进入绘制界面(图9-8)。

图 9-8 编辑运动轨迹

界面主要分为两个区域,左侧是具体的绘制区域,创作者就是在这里选中角色并绘制具体的运动轨迹。右侧则是管理面板,在这里可以进行选中区域、角色轨迹的一些管理。

面板的上方有一个自动检测区域的开关,打开后系统会自动判别角色所占的区域。当编辑面板中的"区域1"处于选中状态时,就可以使用鼠标在绘制区域选择执行运动动作的主体,此时如果自动检测区域的开关处于打开状态,系统就能自动帮助创作者框选角色(图9-9)。

图9-9 选择运动主体

图9-10 轨迹绘制

在框选运动主体时角色每一个部位都是可以单独选择的,让其拥有独立的运动逻辑,也可以将角色整体选中来作为一个完整的个体。

运动主体框选完成后就可以选中"区域"右侧的轨迹选项,进行轨迹的绘制(图9-10)。

面板右侧的 ↻ 是重置功能按钮,按下后对于这一条的区域选择与轨迹绘制会被清除,重置为初始状态。

轨迹管理区域最下方有一个功能是添加静止区域选择,顾名思义,当静态笔刷处于选中状态时,创作者可以框选出在视频的动态过程中会保持静止的一部分背景。比如在图 9-11 中,我们将整个背景设置为静止状态,那么在生成视频的时候,背景就会保持静止,只有女孩与鲸鱼两个角色会发生运动。

图 9-11 选择静止区域

在使用运动笔刷的时候也可以添加提示词进行辅助，但是提示词中所描述的运动轨迹不能跟运动笔刷的标记相冲突。最后我们来看一下生成效果（图9-12）。

图9-12 使用运动笔刷的生成结果

视频生成实例

本章将从实战的角度来演示一些视频生成的实用技巧。镜头是由时间与空间共同构成的,在创作中有非常多的技巧都是来自传统的影像摄制对于时空的理解。

064
延时摄影与高速镜头

> 提示词：
>
> 迷离梦幻的场景，FPV，飞过夜晚的城市，动态模糊，超高速摄影，电影效果、柔和色调。

图 10-1 城市夜景

065
镜头运动与场景逻辑

提示词：
一个小男孩在专心玩游戏，盯着屏幕，镜头左移，游戏中的任务从屏幕中跳了出来，小男孩丝毫没有注意到。

图 10-2 单一镜头的叙事

066
特殊镜头效果

> 提示词：
> 迷离梦幻的场景，FPV，飞过夜晚的城市，动态模糊，超高速摄影，电影效果、柔和色调。

图 10-3 鱼眼镜头与镜头跟随

067
微距摄影

提示词：

微距摄影，蚂蚁视角，跟随蚂蚁在虫穴中跑动。

图 10-4 蚂蚁的巢穴视角

068 人物的面部表情与嘴部动作

> 提示词：
> 三个小朋友围坐在桌子边聊天,生日派对。

图 10-5 角色对话时的面部控制

069
古风摄影

> 提示词:
> 镜头从一把折扇开始,缓缓移动并聚焦在一位古风美人身上。她身着淡雅的衣服,侧脸面对镜头。然后镜头逐渐失焦,窗外春意正浓。

图 10-6 古风美人与镜头变焦

AI 音乐编
Music

  音乐生成相较于前面的这几种工具来说，它的抽象程度是最高的，音符毕竟不同于文字与笔触。然而到了 AI 这里，似乎这并不是一个太大的问题，现如今人工智能对于音乐的理解早已超出了人类的预期，在黑盒机制下我们并不清楚这件事情是怎么发生的，但事实是，AI 已经像精通一门语言一样，学会了音乐这种复杂的结构。

AI 音乐生成入门

本章将从实战的角度来演示一些视频生成的实用技巧。镜头是由时间与空间共同构成的,在创作中有非常多的技巧都是来自传统的影像摄制对于时空的理解。

070
平台登录与注意事项

在浏览器中搜索"Suno"可以找到官方平台,进入后的欢迎页面如图 11-1。

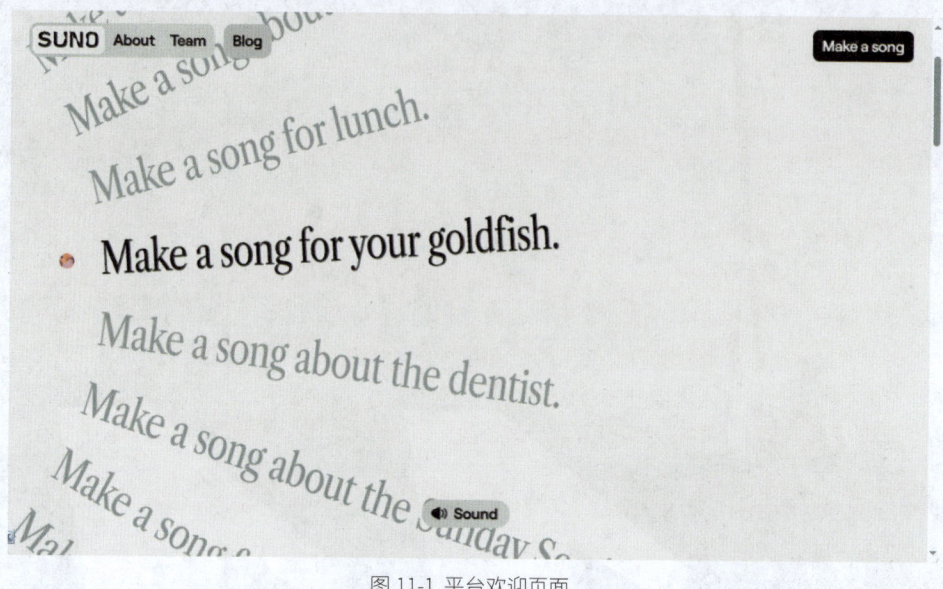

图 11-1 平台欢迎页面

有一点需要特别注意,随着生成式 AI 的爆火出圈,有大量浑水摸鱼的假网站伪装成官方平台,并且通过竞价排名让自己处于搜索结果中非常靠前的位置。这些假平台不仅生成模型非常低劣,而且收费往往比官方平台还要昂贵,有一些甚至只是调用其他模型的 API,在使用中一定要万分小心,不然容易既花了钱,又用不到真正高水准的 AI 工具,这一点对于所有的 AI 工具来说都是一样的。

就比如 Suno,正版的官方平台对于免费账号也是比较友好的,每天都会提供大概五首音乐生成的免费额度。而在写这本书的过程中笔者也调查了一些"山寨"平台的生成模型,这些模型的生成效果非常差劲,而且没有免费额度,各位读者一定要仔细辨别,防止上当受骗。

点击欢迎页面右上角的"Make a song",页面会直接跳转到 Suno 的主页,主页的页面布局如图 11-2。

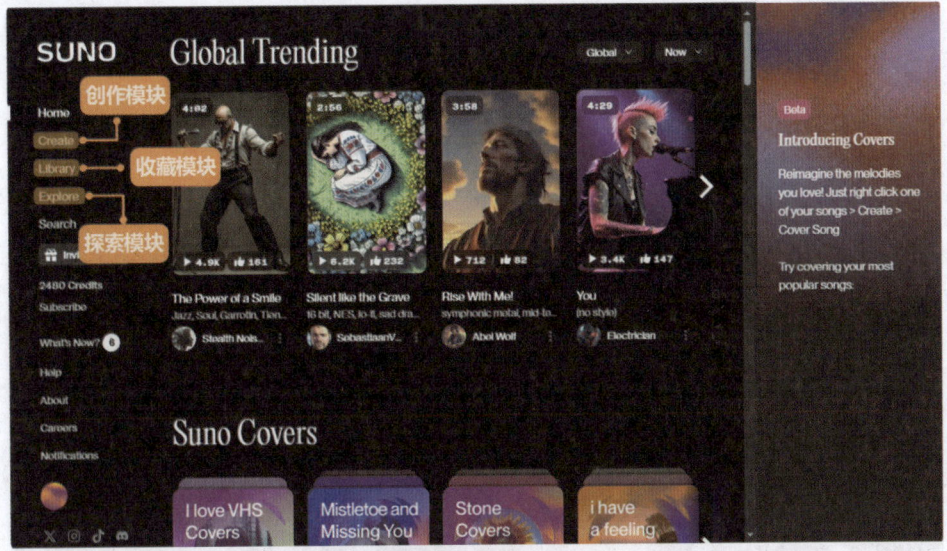

图 11-2 Suno AI 主页

主页的窗口中会陈列最近热度比较高的 AI 音乐作品,创作者可以在这里进行试听,对于喜欢的作品也可以直接点赞和收藏。对于 Suno 的日常使用来说,最重要的是创作模块、收藏模块和探索模块这三个部分,接下来对这些模块来进行一些简单的介绍。

071
创作模块简介

创作模块是音乐创作平台最核心的功能模块，AI 音乐的生成全部是在这个模块中进行的，其界面如图 11-3。

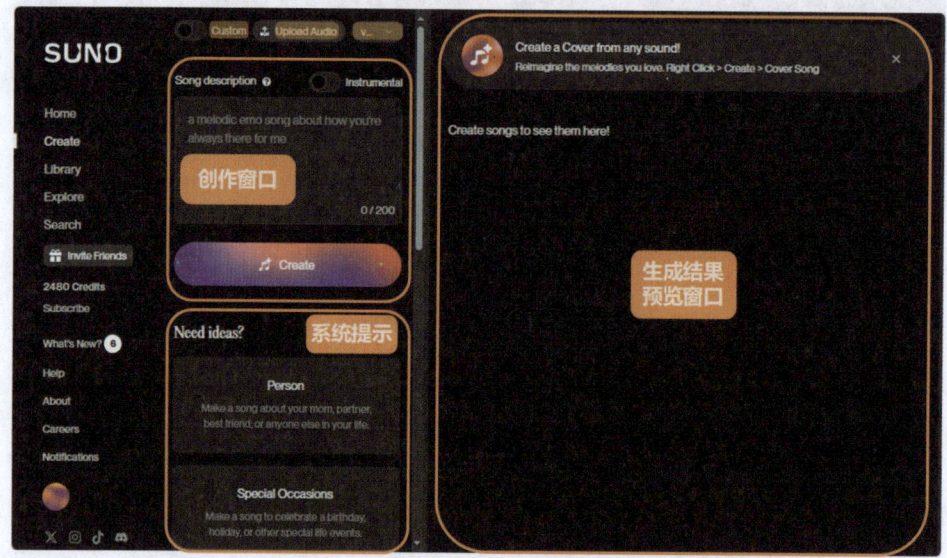

图 11-3 创作模块主界面

创作窗口是使用提示词进行音乐创作的地方，根据创作模式的不同又分为两个类型，一个是默认创作模式，一个是自定义创作模式。模式的切换通过创作窗口上方的"Custom"开关来实现，开关右侧的"Upload Audio"用来上传参考音乐文件，再往右侧的下拉菜单可以进行乐曲生成模型的更换，其内容如图 11-4。

图 11-4 模型选择

平台的默认模型是 V3.5 版本，这也是目前最新的模型版本，如果没有特殊需要的话，不需要更改这里的选项。

系统提示部分主要是帮助刚上手的新人来熟悉 AI 的操作，这里会给出一些推荐的生成内容模板，引导创作者给出完整且符合规范的提示词。这里点击"Person"这一项，之后会进入模板填写界面，如图 11-5。

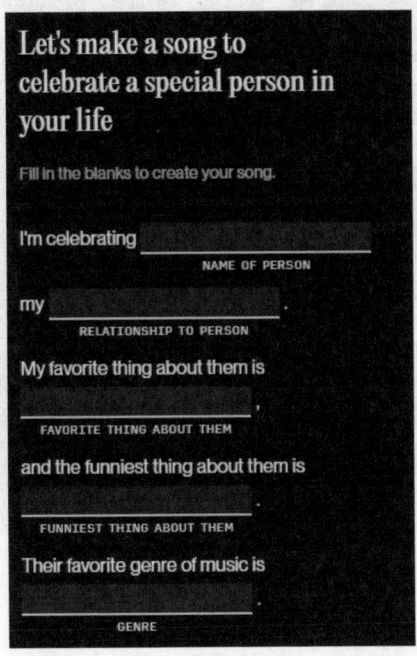

图 11-5 提示词模板

模板的内容是一段完整的提示词，其中有些信息的部分是空出的，就像完形填空一样。创作者只需要将具体的信息填入到这些带有内容提示的空缺中，就能完成一段标准的提示词，完成填写后点击"Creat"就可以使用这段提示词来生成音乐了，具体的生成结果会在生成结果预览窗口中显示详细信息。

072
收藏模块简介

收藏模块主要是存储创作者平时所生成、收藏的一些素材，其界面如图11-6。

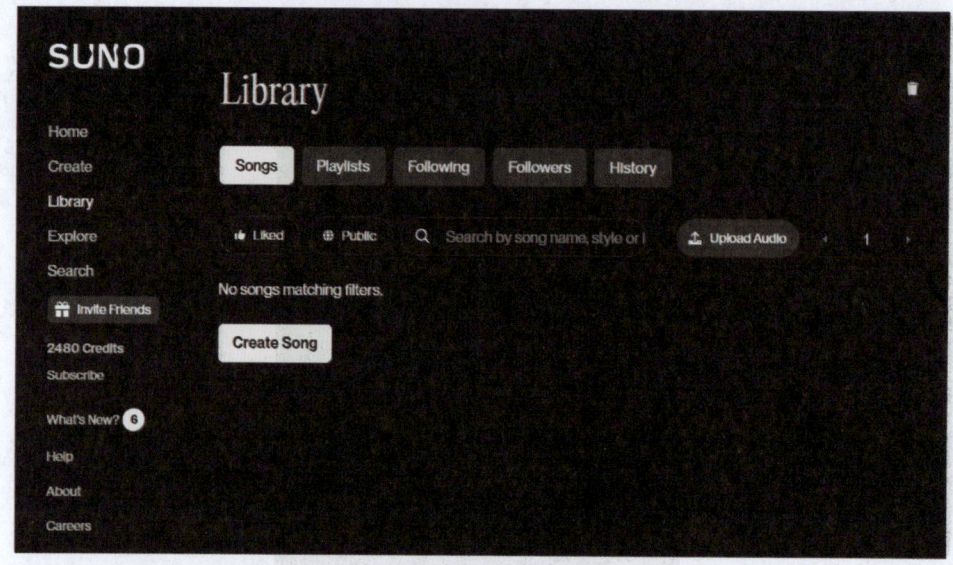

图 11-6 收藏界面

在页面的上方有一行标签，平时所收藏、生成的音乐都会存储在不同的分类内容之中，此外上传的音乐素材、播放列表等内容也在这里查看，这就相当于是用户的数据库。

073
探索模块简介

探索模块主要是为了给予创作者一些灵感启发，其中有着大量不同的音乐风格与相应的音乐作品，我们可以试听这些音乐作品来体验各种风格的具体表现力，其界面如图 11-7。

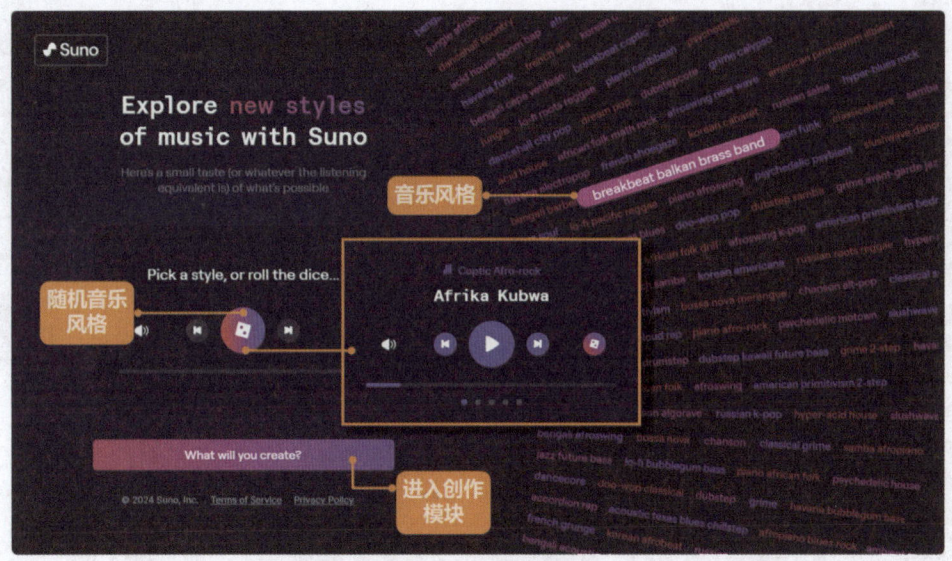

图 11-7 探索模块界面

页面最右侧是音乐风格列表，当鼠标滑过这些风格的时候会加以放大并进行预选中。点击想要体验的风格，左侧的播放器就会播放这种风格的示例歌曲。如果没有具体的试听目标，也可以点击播放器中间的骰子按钮，这样系统会为创作者随机挑选音乐风格进行播放。

点击下方的"What will you creat？"按钮会直接跳转到创作模块，在创作者有了一些思路的时候可以去创作模块进行 AI 音乐的编写。

音乐生成工作流

音乐的生成有着其独特的工作流,虽说各个大模型在大体上是相似的,但是一旦加入时间序列,内容生成就变得麻烦起来。本章将系统地展示 AI 音乐生成的整体流程,经过本章的练习之后,相信各位读者都能够掌握音乐生成的技巧。

12

074
生成我们的第一首音乐作品

这一节先从比较简单的默认模式开始说起,默认模式不需要进行太多设置,只需要将音乐风格、音乐主题形成文字,输入到文本输入框中即可进行音乐的生成,AI 会根据描述生成相应的音乐(图 12-1)。

图 12-1 输入提示词

Suno 会根据创作者键入的文字来生成对应语言的歌词,比如这里我们输入的是汉字,那么 AI 生成的结果就会是一首汉语歌曲。虽然 Suno 支持中文,但是与 Midjourney 的问题一样,模型在使用中文进行生成时的效果并不好,所以如果要提高中文歌曲的生成质量需要一些特别的办法。这一点在默认模式中是难以实现的,后续的自定义模式会详细解释具体的操作办法。

完成提示词后,点击"Creat",AI 就会为创作者填词作曲,生成音乐(图 12-2)。

图 12-2 开始生成

Suno 每次都会根据提示词生成两首曲子,这也是为了方便创作者去挑选。显示这个界面的时候,乐曲的生成还在进行中,完成后的结果如图 12-3。

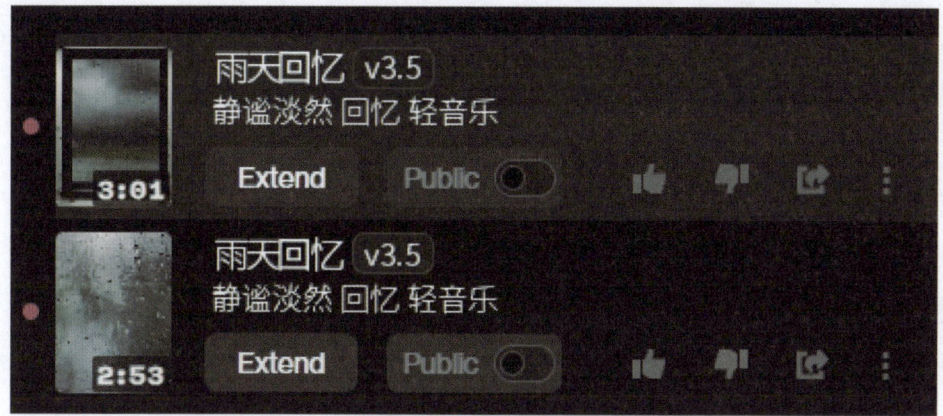

图 12-3 生成结果

此时点击乐曲,就能够在页面下方的播放器中进行试听(图 12-4)。

图 12-4 试听界面

歌词则会显示在乐曲的详情页(图 12-5)。

图 12-5 歌词部分

075 结果编辑

探在乐曲完成后，还可以进行进一步的编辑和设置。在乐曲的界面下包含了几项功能，下面来依次讲解（图12-6）。

图 12-6 乐曲设置

1. 拓展

拓展功能会在原曲与原提示词的基础上继续向后拓展，增加乐曲的整体时长。

2. 发布

发布开关决定了创作者所制作的这首曲子是否会被在其他的平台用户搜索、收听到，默认状态为关闭，即私有状态。

3. 点赞与点踩

平台的点赞与点踩功能会给模型一个反馈，到底创作者是否对此次的生成结果满意。创作者的反馈可以对AI后续的生成结果造成影响，并且点赞的乐曲也会被收录到收藏模块中。

4. 分享

将乐曲分享到其他的社交平台。

5. 拓展编辑

拓展编辑中包含了一些对乐曲的拓展操作,包括下载、删除等,也包括一些进阶操作(图 12-7)。

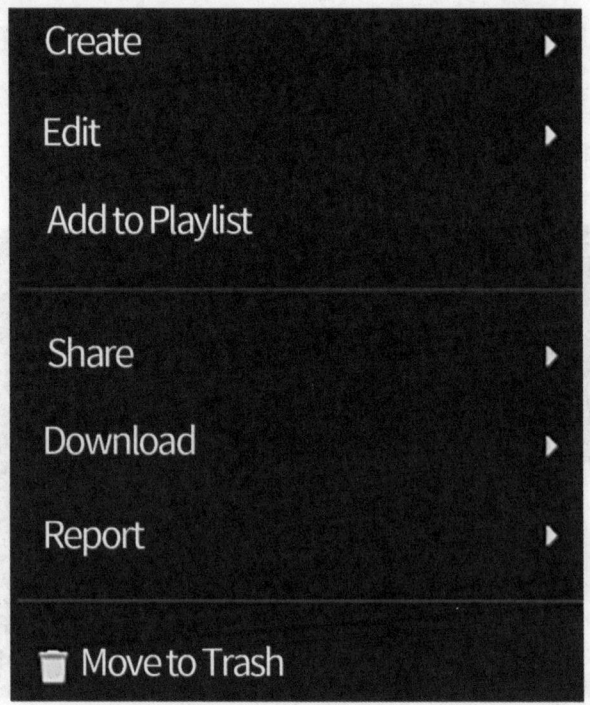

图 12-7 拓展编辑菜单

076
生成结果的下载与删除

完成生成后可以通过拓展编辑菜单把音乐文件下载到本地。在 Download 选项中可以设置下载文件的格式，免费账户只能下载 MP3 格式的音乐文件，而付费账户则可以使用 WAV 格式（图 12-8）。

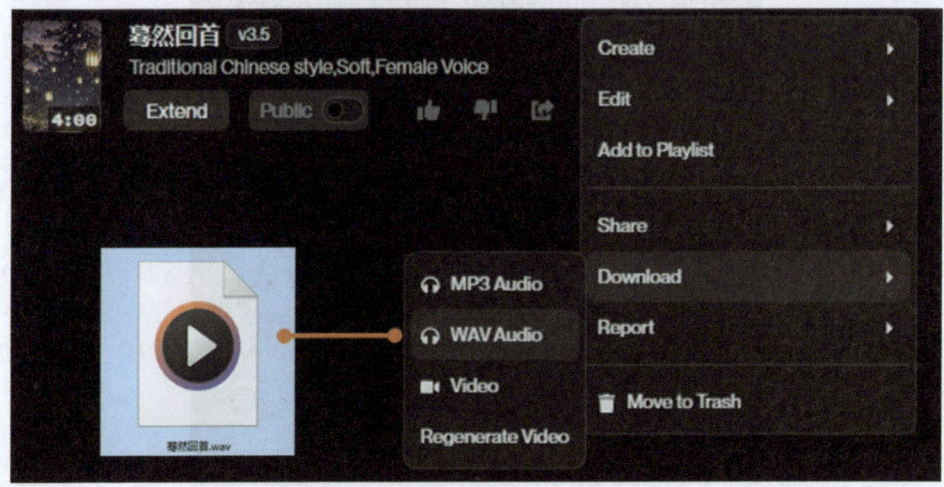

图 12-8 下载音乐文件

想要删除当前的音乐文件的话，那就点击拓展菜单中的"Move to Trash"选项。如果是误删除，需要恢复这个文件，那么点击"Undo"就可以撤销之前的删除操作（图 12-9）。

图 12-9 撤销删除操作

077
纯音乐生成

假如创作者并不想在乐曲中添加人声歌词演唱部分，只想生成一首纯音乐，那么只需要在编写提示词时打开"Instrumental"乐器演奏这个开关即可（图12-10）。

图 12-10 打开乐器演奏开关

打开后在生成结果中便不会再出现人声的部分（图 12-11）。

图 12-11 纯音乐生成

078 自定义生成模式

如果说默认模式适合新手来做一些乐曲生成练习的话，那么自定义模式就更适合积累了一定的制作经验的老手。在自定义模式中，创作者拥有更多的创作选择，可以进行更加细致的生成设置，下面来看自定义模式的界面（图12-12）。

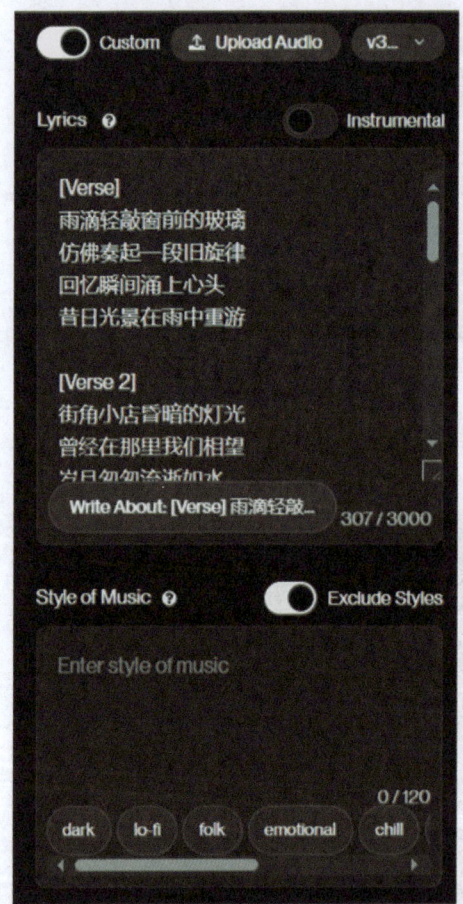

图 12-12 自定义模式的操作区域

与默认模式相比，很显然自定义模式的可设置项要多一些。虽然看起来没有多太多内容，但实际上使用 Suno 的重点和难点全在这几个小框框之中。

079
歌词编辑

操作区域的第一个功能模块是歌词编辑模块（图 12-13）。

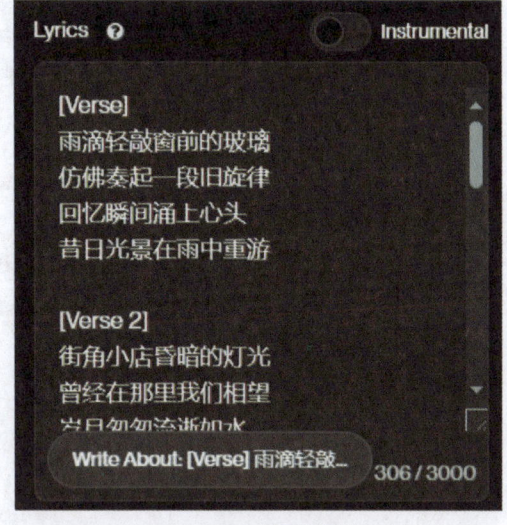

图 12-13 歌词编辑框

整首乐曲的歌词部分都可以在这里进行编写与调整。这里相当于其他 AI 工具的提示词输入区域，所不同的是 Suno 可以直接在这里将一个简短的主题扩展成完整的歌词部分（图 12-14）。

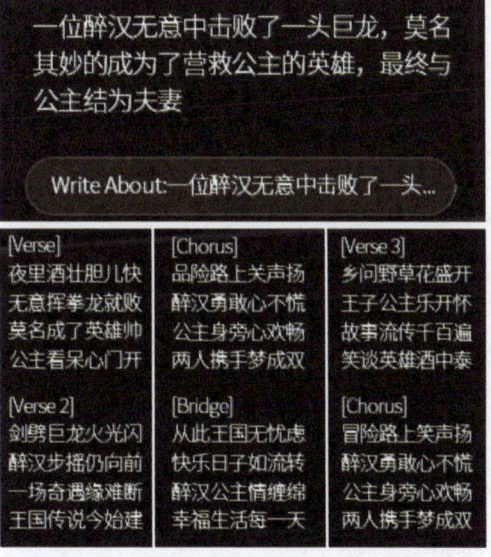

图 12-14 歌词生成

这个模块所能实现的功能不止于此，大家可以注意到歌词的各个部分都有着一些相似的英文标记：

```
[Verse]
...
[Verse 2]
...
[Chorus]
...
[Bridge]
...
[Verse 3]
...
[Chorus]
...
```

这些标记涉及 Suno 核心的元标签机制，创作者利用这个机制能够非常细节地控制整首音乐作品的生成内容，这一点会在后续的进阶章节中做详细的展开。

080
音乐风格设置

在这个模块中创作者可以设置乐曲的整体风格走向，像是爵士乐、金属乐或者是我国的民乐（图 12-15）。

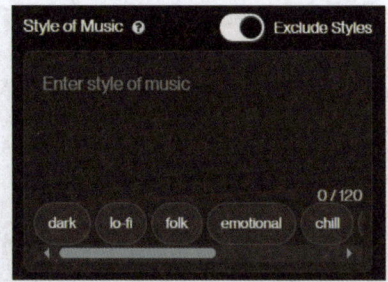

图 12-15 选择乐曲风格

如果不知道选择怎样的音乐风格的话，可以从文本框下方的推荐风格中选一个看起来顺眼的，更靠谱的办法是结合 Suno 的探索模块来找到适合自己的音乐风格。

081
排除风格设置

在当前最新版本模型的更新中,系统又加入了一项新的功能,那就是排除风格设置(图 12-16)。

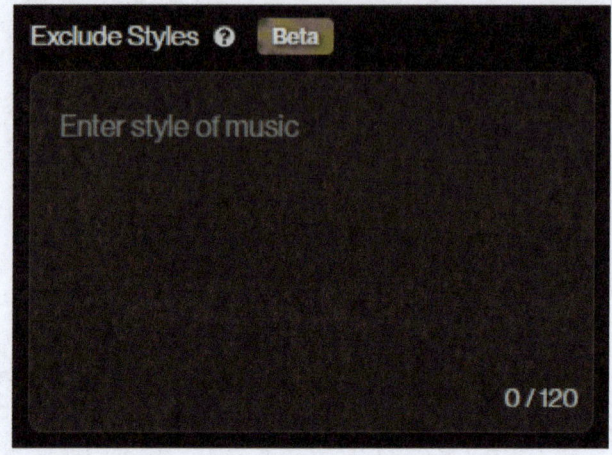

图 12-16 排除风格设置

排除风格设置是音乐风格设置的扩展功能,可以通过右上角的"Exclude Styles"开关进行开启与关闭。既然是功能拓展,那么它肯定与音乐风格设置是强相关的:音乐风格设置是为乐曲选择大致的音乐风格走向,而排除风格设置则是确保某些风格不会在乐曲中出现。

082
乐曲标题设置

最后的一项是为生成后的乐曲设置作品名称（图 12-17）。

图 12-17 设置标题

只需要在文本框中输入所设想的作品名称即可。

元标签的作用与用法

所有的生成式AI都依赖于提示词,这是人与AI之间沟通的桥梁。每一种类型的AI提示词都有其独特的特色,就如同文本生成AI的角色扮演,绘画AI的参数控制一样,音乐生成AI的提示词也有其与众不同的使用技巧。

083
什么是元标签

比起文字、绘画这些静态生成内容，音乐天然地带有时序属性。如果想要更为精准地控制生成内容，那么就需要从时间上将乐曲分为不同的段落，然后使用提示词去指引每一个段落的生成内容，这就是元标签的底层逻辑。

```
[Verse]
Rain taps on my window soft and sweet
Whispers of a world that's incomplete
Blanket snug like a lover's embrace
Time slows down in this tranquil space

[Verse 2]
Mismatched socks and a worn-out sweater
Tea in hand makes everything better
Pages turn in an old favorite book
At the rain's melody we all just look

[Chorus]
Cozy rainy day it's our secret song
Where we linger without moving along
Puddles form a dance of drops and dreams
Life's charm is found in these quiet seams

[Verse 3]
Thunder's distant laugh sounds like a friend
We know the rain will come to an end
For now let's soak in this gentle ease
```

```
Moments like these whisper oh please

[Bridge]
Candlelight flickers a burning glow
Rain's rhythm keeps putting on a show
Silver beads on the glass they race
A tapestry of nature's grace

[Verse 4]
Raindrops turn every thought to gold
Secrets spilled that we've never told
Soft lullaby that the skies compose
In the rain's cradle our comfort grows
```

作为音乐生成 AI 所使用的提示词，元标签的形制有点类似于将绘画 AI 的文本提示词与参数控制结合起来的味道。理论上来说，元标签的内容是可以随意填写的，但是音乐作为一门古老的艺术门类，发展到今天已经形成了一整套严谨的语法体系。每一个专业性的词语或者词组都包含着清晰明确的指向与定义，所以也就不需要创作者再去使用自己的语言描述提示词了。

从格式上来说，元标签也有着自己特殊的书写格式：

[Verse 4]

中括号用来标记出元标签，内部提供具体的标签内容。元标签会指导生成接下来音乐段落的内容生成，直到遇到下一个元标签。示例中所使用的元标签比较简易，实际上同一个段落可以使用多个元标签，比如下面这样：

[Intro] [Funk Rock] [Guitar Solo]

这些元标签会共同作用于具体的音乐段落。但是在创作时一般不推荐三个以上的元标签，过多的标签内容会破坏 AI 生成内容的稳定性，造成一些莫名其妙的 BUG。

084 结构性标签

结构性标签是乐曲的骨架,通过这些标签可以标识出曲子的整体结构,定义音乐的主要段落与过渡,明确歌曲各部分的功能。

1. 前奏 [Intro]

前奏是歌曲的开场部分,通常时间较短,主要用于设置氛围,引导听众逐渐进入乐曲的主要旋律或节奏,常使用简化的和弦或主旋律元素,或者是乐曲中的一个动机片段。

前奏可以帮助听众熟悉即将展开的音乐情境,提升期待感。不同风格的音乐前奏差异很大,如流行歌曲的前奏往往简短而朗朗上口,而在交响乐或电影配乐中,前奏则可能较为复杂,带有叙事性。具体的使用例子可以参考 The Beatles 的《A HardDay's Night》,以一声吉他和弦作为前奏,瞬间抓住听众的注意力。

2. 间奏 [Interlude]

间奏是歌曲或乐章之间的过渡段,通常没有歌词,以乐器演奏为主,作用是衔接两个不同段落。间奏可能仅包含一个简单的旋律或和弦序列,也可能发展成复杂的乐段。

间奏能够缓解主歌和副歌之间的紧张感,为听众提供短暂的情绪放松,或者展示乐器演奏的技巧。作为过渡的工具,它在古典音乐和现代音乐中都有着非常广泛的应用。比如在 EDM 中,间奏常用来减弱节奏,为高潮部分做准备。

3. 尾奏 [Outro]

尾奏是乐曲的结尾部分,用于平稳地结束整首歌曲,它的形式可以是旋律逐渐减弱,也可以是重复主旋律的变奏。

尾奏会给歌曲一个圆满的结束,并在情感上给听众一个回味或释然的感觉。根据音乐类型的不同,尾奏可能是短促的终止,也可能是富有戏剧性的结束,具体的例子可以参考 Queen 乐队的《We Are the Champions》，通过尾奏的不断延展，将情绪推向顶点。

4. 过渡段 [Transition]

过渡段是连接不同段落，比如主歌和副歌之间的部分，通常短暂而富有技巧性，通过和弦变换、节奏变化或转调来引导听众从一个情绪或节奏进入另一个。

过渡段能够确保音乐的风格或情绪平滑转变，避免突然的断裂感。在电子音乐和摇滚乐中，过渡段可以是高能的节奏累积，为高潮部分做铺垫，比如在摇滚音乐中，吉他独奏经常作为主歌和副歌之间的过渡段。

5. 引子 [Introduction]

引子通常是一段简短的乐段用于引入主题或调性，一般出现在乐曲的开端，类似前奏，但更为正式。它可以单独存在于管弦乐作品中，也可以成为一首歌曲不可或缺的部分。

引子引导听众进入核心旋律或主要动机，为接下来的段落奠定基础。它在古典音乐和舞台音乐中尤为常见，如歌剧或音乐剧的序幕部分，就像贝多芬《第五交响曲》的四个音符引子，是音乐史上最具代表性的片段之一。

6. 尾声 [Coda]

尾声是歌曲的附加段落，包含对主要旋律或和弦的总结和延展。它的长度和复杂性各不相同，可以是简短的结尾，也可以是较长的延展段。

尾声为乐曲提供一个有力的结束，并在结构上呼应或发展之前的音乐主题。在交响乐和奏鸣曲中，尾声常用于强化主旋律，并提升作品的完整感，比如肖邦的许多钢琴作品中，尾声通过优美的旋律和和弦逐渐减弱，给人以余音绕梁的感受。

085
功能段落标签

功能段落标签为乐曲添加叙事性和动态变化，是音乐作品的情感驱动力。它们决定了每一部分在乐曲中的角色和表达方式，帮助组织音乐的内容与发展。这些标签不仅建立了音乐中的故事线，还通过情绪和节奏的变化引导听众的体验。

1. 主歌 [Verse]

主歌是歌曲的叙事部分，通常承载着主要的故事或情感信息，每段主歌的歌词会有所不同，但旋律结构往往相似。除了建立叙事逻辑或情感基础，为听众提供背景信息，主歌还会在不同段落中展现故事的发展与变化，并与副歌形成对比，增强副歌的情绪冲击力。在流行音乐中，主歌通常细腻地描述故事情节，为副歌的情感暴发做好铺垫。

2. 副歌 [Chorus]

副歌是歌曲的核心段落，其旋律通常简洁易记，常多次重复，是听众最容易记住的部分。它强调歌曲的主题和情感核心，提供情绪高潮，是整首歌的高能段落。副歌在整首曲目中往往会多次出现，以增强音乐的感染力，比如 Queen 乐队的《We Will Rock You》，通过简单的副歌和节奏，使歌曲成为经典并深入人心。

3. 桥段 [Bridge]

桥段通常位于歌曲的副歌和副歌之间，为音乐的节奏或情绪带来转折。桥段提供与主歌和副歌不同的旋律或节奏，避免歌曲单调，并为副歌的再次出现积蓄情感力量。它可以转调或更改节奏，增加听觉上的新鲜感。

在流行音乐中，桥段有时会带来情感上的低谷，为接下来的高潮铺垫，如 Beyoncé 的《Halo》中，桥段进一步强化了整首歌曲情感上的表达。

4. 合唱 [Refrain]

合唱与副歌类似，但通常更短、更简单，经常重复，有时也会与歌曲的标志性短句或词语联系在一起。合唱可以作为贯穿全曲的简短重复元素，加深歌曲的记忆点，在情感上增强歌曲的连贯性，使音乐更具一体感。比如在民谣歌曲中，合唱部分通常带有集体性，容易让听众参与合唱。

5. 即兴段 [Improvisation]

即兴段是表演者自由发挥的部分，可以是人声、乐器或节奏上的创作，常见于爵士乐、摇滚、电子乐和现场演出中。从功能上来说，即兴段能够展示音乐家的个人风格和技巧，在音乐结构中引入不确定性和新鲜感，增强音乐的表现力和互动感。

Miles Davis 的爵士演奏中经常加入大量即兴段，以展现他的独特风格和音乐才华。

086
古典音乐标签

古典音乐标签通过定义各个乐章的功能，为作品构建出完整而严谨的框架。这些标签描述了乐曲的段落结构与演变方式，使复杂的音乐形式得以井然有序。它们不仅指导音乐的创作和表演，还可以帮助听众理解乐曲的内部逻辑与情感发展。

1. 前奏曲 [Prelude]

前奏曲是一种简短的乐段，通常用于引入主要乐章或整首作品的主题。它的功能不仅限于单纯的介绍，还能建立乐曲的氛围，并为后续段落奠定情绪基础。前奏曲在巴洛克音乐和浪漫主义音乐中尤为常见，如巴赫的《平均律钢琴曲集》中，每首赋格之前都有一个相应的前奏曲。在某些音乐形式中，前奏曲还可以独立存在，例如德彪西的钢琴前奏曲，这些作品本身就具有高度的艺术价值。

2. 间奏曲 [Intermezzo]

间奏曲是大型作品中插入的短小乐段，用于在主要乐章之间过渡。它常常具有与前后乐章不同的风格或情绪，对听众起到缓和或对比的效果。间奏曲在歌剧和器乐作品中都十分常见，尤其是在 19 世纪浪漫主义音乐时期。举例来说，勃拉姆斯的钢琴间奏曲就以其抒情性和温柔的情感表达而闻名。在歌剧中，间奏曲也常用于戏剧场景之间的过渡，以改变情绪和节奏，避免情感疲劳。

3. 结束段 [Finale]

结束段是大型作品的最后一个乐章，通常以气势磅礴的音乐结束全曲。它在情感上达到顶点，使整部作品获得圆满的收尾。结束段可以采用多种形式，如欢快的快板、复杂的复调，甚至是辉煌的合唱。在交响乐、协奏曲和歌剧中，结束段往往是整部作品的高潮，例如贝多芬第九交响曲的最后一乐章，它通过合唱的加入，将作品的情感提升到前所未有的高度。

4. 复述 [Recapitulation]

复述是将之前乐曲中的主题或动机再次呈现出来，通常在奏鸣曲式结构中出现。复述部分往往对主题做出一定的变奏或调整，以呼应前文的内容，并引导听众回顾整个作品的逻辑发展。在交响乐和奏鸣曲中，复述是音乐结构中的重要环节，它既维持了音乐的连贯性，又通过变化为作品注入新意。例如，在莫扎特的奏鸣曲作品中，复述部分经常重新演绎开篇主题，同时调整调性，以在情感上实现最终的平衡。

087 音乐发展标签

音乐发展标签在流行音乐中是驱动歌曲情感叙事和维持听众兴趣的关键工具。这些标签不仅帮助构建乐曲的旋律线索,还通过主题的变奏、发展与重复创造层次感和共鸣。它们决定了歌曲如何展开以及如何将情绪推向高潮。对于流行音乐来说,这些发展标签赋予作品以活力,使其在短时间内吸引并留住听众。

1. 主题 [Theme]

在流行音乐中,主题是贯穿全曲的主要旋律或音乐动机,通常出现在主歌、前奏或副歌部分。它定义了歌曲的核心情绪和内容,并为歌词和旋律提供一个凝聚的基础。主题在歌曲的不同部分反复出现,使听众能够快速建立熟悉感。流行音乐的主题通常简洁且朗朗上口,具有高度的辨识度。例如 Adele 的 *Someone Like You* 以一种简单却令人难忘的钢琴旋律作为主题贯穿全曲,深刻传达出情感的复杂性。

2. 变奏 [Variation]

变奏在流行音乐中通过调整节奏、调性或编配,使得主题旋律呈现出多样性。这种技术避免了歌曲的单调,同时保持了与原主题的连贯性,在流行音乐中,主歌与副歌常基于相似的旋律框架,但在节奏、歌词或编曲上进行细微的调整,使歌曲既富有变化又能维持统一感。在 Taylor Swift 的歌曲 *All Too Well* 中,每次副歌的出现都略有不同,通过变奏逐步加深情感递进。

3. 发展 [Development]

发展段是流行音乐中推动歌曲结构和情感的重要部分,它通过引入新元素或扩展已有动机,使音乐具有深度和变化。在某些流行歌曲中,发展段可能通过增加背景和声、引入新乐器或转调来增强情感张力。例如在 Billie Eilish 的 *Happier Than Ever* 中,发展段的突然情绪爆发从细腻的抒情部分转换为充满力量的摇滚风格,形成强烈的对比,推动歌曲进入高潮。

4. 重复段 [Repetition]

重复段是流行音乐中非常重要的元素，它通过多次重复某一旋律或歌词，让歌曲变得易于记忆并增强情感表达。副歌的反复出现是流行音乐的常用手法，这种重复不仅加强了歌曲的感染力，也帮助听众快速建立情感共鸣。在 Ed Sheeran 的 *Shape of You* 中，副歌的重复段使得旋律深植于听众的记忆中，成为广为传唱的经典片段。

5. 高潮 [Climax]

高潮是歌曲的情感顶点，通常在接近尾声时出现。高潮部分往往伴随着编曲的强化，如引入更多的和声、乐器和节奏变化，使情绪达到最强烈的状态。高潮的出现是流行歌曲中最具吸引力的部分，常常使听众深刻记住歌曲的情感瞬间。在 Sia 的 *Chandelier* 中，主歌的逐步累积最终在副歌的爆发中达到高潮，呈现出情感的极致表达。

088 演奏形式标签

演奏形式标签为歌曲赋予了表现力和多样性，定义了不同乐器和人声之间的协作方式。这些标签描述了演出过程中各种元素的组合方式，从而塑造出歌曲的情绪、风格和层次。它们帮助音乐创作者和表演者在不同段落中交替使用单人或集体演奏，为作品增添节奏感与变化，避免听众的审美疲劳。

1. 独奏（Solo）

独奏是由单个乐器或人声完成的演出，用于在一段音乐中突出表演者的个人技巧与表现力。独奏部分往往出现在歌曲的间奏或桥段，例如吉他、钢琴或萨克斯的独奏，赋予歌曲鲜明的个性与动态变化。独奏不仅是乐器演奏者展示技术水平的机会，也为歌曲的情感表达增添了层次。流行音乐的独奏往往短小精悍，Eric Clapton 的 *Tears in Heaven* 中，通过简短的吉他独奏深化了歌曲的情感。

2. 合奏（Ensemble）

合奏是由多个演奏者或歌手共同完成的表演，强调乐器和人声之间的协作。在流行音乐中，合奏常见于副歌或高潮部分，多个乐器和声部的叠加创造出丰富而饱满的音效。在摇滚乐队的演出中，吉他、贝斯、鼓和键盘的配合构成了歌曲的主体。合奏也可以体现不同音色之间的相互交融，如在爵士乐和 R&B 曲目中，多个声部的合奏增强了歌曲的流动性和氛围感。

3. 齐奏（Tutti）

齐奏指所有演奏者或歌手同时演奏或演唱同一旋律或和声，通常用于营造强烈的音乐效果。齐奏往往出现在歌曲的高潮部分，通过所有乐器和人声的协同演出，将情绪推向顶点。在 R&B 或复音音乐中，齐奏与合唱的结合更是展现集体力量的重要方式。

089
音乐元素标签

音乐元素标签决定了一首歌曲的旋律线条、和声布局与节奏模式，用于定义音乐的基本特征，使歌曲在结构上完整、情感上丰富。对于 AI 生成音乐来说，这些元素标签是算法分析与创作的关键指导，为音乐生成提供明确的框架和风格基础，每一个元素标签的变化都会直接影响整首歌曲的表达与呈现。

1. 和声（Harmony）

和声是不同音符同时演奏或演唱所产生的音响效果，是音乐情绪表达的重要组成部分。和声在流行音乐中常用于丰富歌曲的层次感，让单一旋律变得更加饱满。AI 在生成和声时，会根据曲目的风格和情感需求选择适当的和弦进行组合，例如流行歌曲中常见的大三和弦营造出明快的情绪，而小三和弦则传达出忧郁感。在合唱和副歌部分的和声叠加，能增强歌曲的感染力，像在 Queen 的 *Bohemian Rhapsody* 中，通过复杂的和声组合，打造出多层次的听觉体验。

2. 旋律（Melody）

旋律是音乐中最突出的音符序列，构成了歌曲的主线。旋律的简洁和易于记忆是成功的关键，许多经典流行歌曲依赖于朗朗上口的旋律成为传唱度极高的作品。AI 在生成旋律时，需要根据用户的输入与风格标签，选择特定音阶和音域，比如在欢快的流行歌曲中，旋律多用大调音阶，而在悲伤的歌曲中则偏好小调音阶。

3. 节奏（Rhythm）

节奏是音符之间的时间关系，是决定歌曲速度、拍子和律动感的关键因素。在流行音乐中，不同的节奏模式为歌曲赋予了不同的风格和氛围，如快节奏的舞曲使人兴奋，而慢拍子的抒情歌曲则营造出沉静的氛围。AI 在生成音乐时会根据指定的节奏标签选择合适的节奏样式，例如四拍子用于流行音乐，而三拍子则常用于华尔兹风格的曲目，节奏不仅推动歌曲的发展，还决定了歌曲的舞蹈性和律动感。

090 乐器标签

乐器标签用于指定某一段落中器乐演奏的主要乐器，或者也可以搭配独奏字样在每一段落中进行乐器的独奏演出，元标签可以写为：

[Guitar Solo]

乐器的种类非常丰富，表 13-1 中列举了一些常用的乐器名称。

表 13-1 乐器元标签简表

中文	英文标签
钢琴	[Piano]
吉他	[Guitar]
小提琴	[Violin]
贝斯	[Bass]
架子鼓	[Drums]
萨克斯	[Saxophone]
大提琴	[Cello]
二胡	[Erhu]
唢呐	[Suona]

091
演唱标签

演唱标签用来控制具体的人声演绎部分，不同的标签能够制作出不同的演唱效果，这样可以大大加强乐曲的真实感。比如在默认的生成设置下，乐曲中的"演唱者"是没有换气音存在的，如果想要让曲子听起来更像是真人演唱的，就可以在某些段落加入换气声 [Breath Sound] 作为元标签。下面在表 13-2 中我们整理了一些元标签供各位读者参考。

表 13-2 人声处理元标签

中文	英文标签	中文	英文标签
说唱	[Rap]	朗诵	[Spoken Word]
拟声	[Beatbox]	嘶吼	[Growl]
独唱	[Solo Vocal]	口哨	[Whistle]
和声	[Harmony]	吟诵	[Recitative]
合唱	[Choir]	连音	Legato
气声	[Breathy Voice]	换气声	[Breath Sound]
颤音	[Vibrato]	尖叫	[Scream]
吟唱	[Chant]	滑音	[Glissando]
咏叹调	[Aria]	断音	[Staccato]

092
段落风格标签

段落风格标签用来控制各段落的音乐风格，它所使用的元标签与整体音乐风格标签是相同的。在优先级上，段落风格标签要高于整体音乐标签，在出现风格不一致的情况下，AI 会优先实现段落风格标签（表 13-3）。

表 13-3 音乐风格元标签

中文	英文标签	中文	英文标签	中文	英文标签
流行	[Rap]	放克	Funk	后摇	Post-Rock
摇滚	[Beatbox]	雷鬼	[Reggae]	硬核	[Hardcore]
嘻哈	[Solo Vocal]	金属	[Metal]	哥特	[Gothic]
爵士	[Harmony]	朋克	[Punk]	嘻哈摇滚	[Rap Rock]
蓝调	[Choir]	R&B	[R&B]	重金属	[Heavy Metal]
民谣	[Breathy Voice]	迪斯科	[Disco]	死亡金属	[Death Metal]
古典	[Vibrato]	拉丁	[Latin]	黑金属	[Black Metal]
电子	[Chant]	实验	[Experimental]	前卫金属	[Progressive Metal]
灵魂	[Aria]	电子舞曲	[EDM]	垃圾摇滚	[Grunge]

音乐风格的种类非常之多，这里只展示了一部分比较常见的风格分类，在不清楚使用哪种类型的风格时同样可以参考 Suno 的探索模式。

093 情绪标签

情绪标签可以指定段落的情绪基调，这个类别的标签可以同时影响段落中的器乐演奏与人声部分的情绪表现。表现人类情绪的词基本上都可以作为元标签进行使用（表 13-4）。

表 13-4 情绪元标签

中文	英文标签
欢快	[Cheerful]
悲伤	[Sad]
平静	[Calm]
忧郁	[Melancholic]
浪漫	[Romantic]
轻松	[Relaxed]
愤怒	[Angry]
沮丧	[Depressed]
庄严	[Solemn]

094
环境音效标签

在使用 AI 工具制作音乐的时候，创作者也可以为其中的某些段落加入一些背景声。比较经典的用法比如 Pink Floyd 乐队的名曲 Comfortably numb 中作为 Intro 部分的电视背景声与敲门声，用环境音营造出一个极具画面感的开场（表13-5）。

表 13-5 环境音效元标签

中文	英文标签	中文	英文标签
风声	[Wind]	心跳声	[Heartbeat]
雨声	[Rain]	呼吸	[Breathing]
雷声	[Thunder]	哭泣	[Crying]
森林	[Forest]	笑声	[Laughter]
溪流	[Stream]	狗叫	[Dog Barking]
海浪	[Ocean Waves]	鼓掌	[Applause]
虫鸣	[Insect Sounds]	人群	[Crowd]
鸟鸣	[Bird Chirping]	警笛	[Siren]
城市噪声	[City Noise]	电视静电噪声	[TV Static]

Suno 的进阶使用技巧

在元标签之外,音乐生成 AI 还有很多的手段与工具可以辅助创作者更好地制作音乐,这当中既有第三方的 AI 工具,也有平台原生的编辑工具。

095
使用文本模型辅助创作

文本生成 AI 是我们的老朋友了，只要是与文本创作相关的领域，他都能帮助创作者更加便捷地完成自己的目标。在使用 Suno 的时候同样可以让文本生成 AI 帮我们搞定翻译、思路扩展这些工作，其中最典型的，让 AI 去拓展出更多的元标签。

> 问：
> 我在使用一款音乐生成 AI，它的提示词叫作元标签，元标签的格式如下：
> 风声：[Wind]
> 雨声：[Rain]
> 海浪：[Ocean Waves]
> 虫鸣：[Insect Sounds]
> 现在我需要一些关于环境音效的元标签，请你按照格式帮我生成一份详细的环境音效元标签列表。
>
> 通义千问：
> 这里是一份环境音效的元标签列表，你可以根据需要选择使用：
> 1. 自然环境音效：
> 森林：[Forest]
> 河流：[River]
> ……
> 洞穴滴水：[Cave Drops]
> 沙漠风暴：[Desert Storm]
> 2. 城市环境音效：
> 城市交通：[Urban Traffic]
> 地铁：[Subway]
> ……

市场人声：[Market Chatter]
街道噪声：[Street Noise]
3. 特殊环境音效：
空间站内部：[Space Station Interior]
潜水声：[Underwater]
……
键盘敲击：[Keyboard Typing]
火焰噼啪声：[Fire Crackling]

这些元标签可以帮助你生成具有丰富环境感的音乐作品，增加听众的沉浸感。你可以根据不同的项目需求来选择适合的环境音效。

之前的内容中提到过，元标签的内容并不像绘画 AI 的参数那样死板，总的来说它还是语义为先的提示词体系。只要 AI 能够理解概念的意思，它就能还原出创作者的意图。所以在利用文本 AI 生成元标签时，只需要给它一些具体的例子作为参考，它就能模仿例子的形制为创作者扩展出极其庞大的元标签库。

除了元标签，在歌词生成以及音乐风格上文本生成 AI 同样可以给出非常中肯的参考意见，下面我们就让 AI 帮我们制作一首儿歌来作为例子。

问：
我现在想要使用 AI 制作一首儿歌，儿歌的内容是劝告小朋友善待他人，不要欺负别的小朋友，要好好相处。这个 AI 所使用的提示词形式如下：
[Verse]
雨滴落在窗前
模糊了整片天
你的笑容梦的边缘
淋湿了我的心田
……

[Chorus]

雨天的旋律在耳边

每一滴都在说着想念

湿了的心在慢慢回天

梦里我和你再续缘

在每一个段落前都需要加上一到三个 [...] 元标签来指导这一部分的创作，请你依据规则进行创作，并给出音乐风格的英文名称。

通义千问：

现在根据您的要求，这首儿歌的内容是关于教导小朋友们友好相处，不要欺负别人。以下是按照这个主题重新创作的儿歌，每段前我也加上了元标签来指导创作：

[Verse]

小朋友，要善良

和伙伴一起唱首歌

不要推，不要抢

友好的世界更美妙

[Verse 2]

分享你的玩具给朋友

看他们开心，你也会笑

在游戏中手牵手

快乐时光不再寂寞

[Chorus]

一起玩，一起笑

我们的友情像彩虹

天空明朗，心也宽

这样的日子多么好

[Bridge]

每个人都有不同的想法

学会倾听，理解与尊重

当我们尝试站在别人的角度

世界会更加宽广和多彩

> [Verse 3]
> 当我们一起解决困难
> 友谊的种子在心中生根
> 每一次帮助，每一次关怀
> 让我们的友谊更加坚固
> [Chorus]
> 一起玩，一起笑
> 我们的友情像彩虹
> 天空明朗，心也宽
> 这样的日子多么好
>
> 音乐风格建议：Children's Pop（儿童流行音乐）
> 这种风格明快、易于孩子们理解和接受，能有效传达儿歌中的教育信息和正面情感。

将上述的内容填充到自定义创作模式的相关输入框中，就得到了一首曲风明快的儿歌（图 14-1）。

图 14-1 生成结果

如果对 AI 所给出的结构性元标签不满意，那么也可以将完整的元标签规则输入给文本 AI，让它系统地学习之后再进行回答，这样的输出内容会更加符合实际的制作需求。

096
歌曲拓展

对于 Suno 生成的音乐，如果在完成度上有欠缺，在不应该结束的地方就停止了的话，创作者可以借助"Extend"功能让 AI 继续创作，为当前的音乐添加上后续更多的内容。

在收藏模块中找到需要扩充的音乐，点击 Extend 按钮（图 14-2）。

图 14-2 歌曲拓展功能

拓展功能也可以在拓展编辑菜单中的 Creat 项目下找到。点击 Extend 后系统将进入续写模式（图 14-3）。

图 14-3 续写模式

14　Suno 的进阶使用技巧

续写模式的内容与自定义创作模式大体相同，只不过在末尾会多出续写节点的选择，来设置从原旋律的哪个位置进行续写。在提示词窗口输入续写内容的相关元标签与歌词，为这段接续的旋律加上一个容易记忆的名称，继续点击 Extend 即可创作拓展的旋律（图 14-4）。

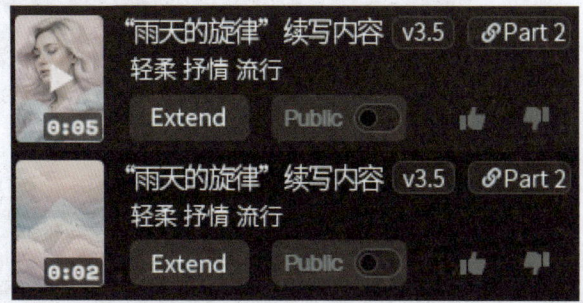

图 14-4 AI 生成的接续内容

拓展的内容同样会生成两份，在收藏模块可以进行浏览。与原创创作相比，AI 所创作的续写内容带有"Part 2"这样的特殊标记，帮助创作者更好地分辨乐曲的内容。此时这首音乐还不完整，虽然已经生成了续写的内容，但是还需要把两部分的音频文件合并成一个才行。

点击拓展编辑菜单（三个小点的图标），在拓展内容的次级菜单中依次选择"Creat"→"Get Whole Song"（图 14-5）。

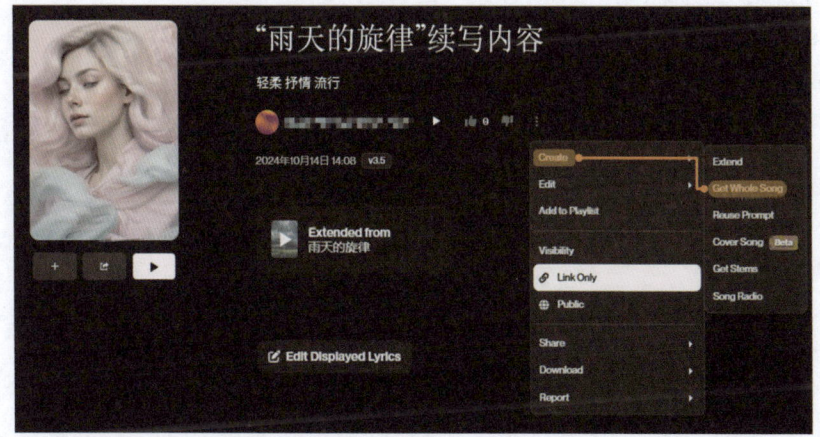

图 14-5 合并两部分内容

225

系统会自动把两段音频进行拼接，生成一个全新的完整音频文件。此时这首新的音乐会使用接续内容的图片作为歌曲配图（图 14-6）。

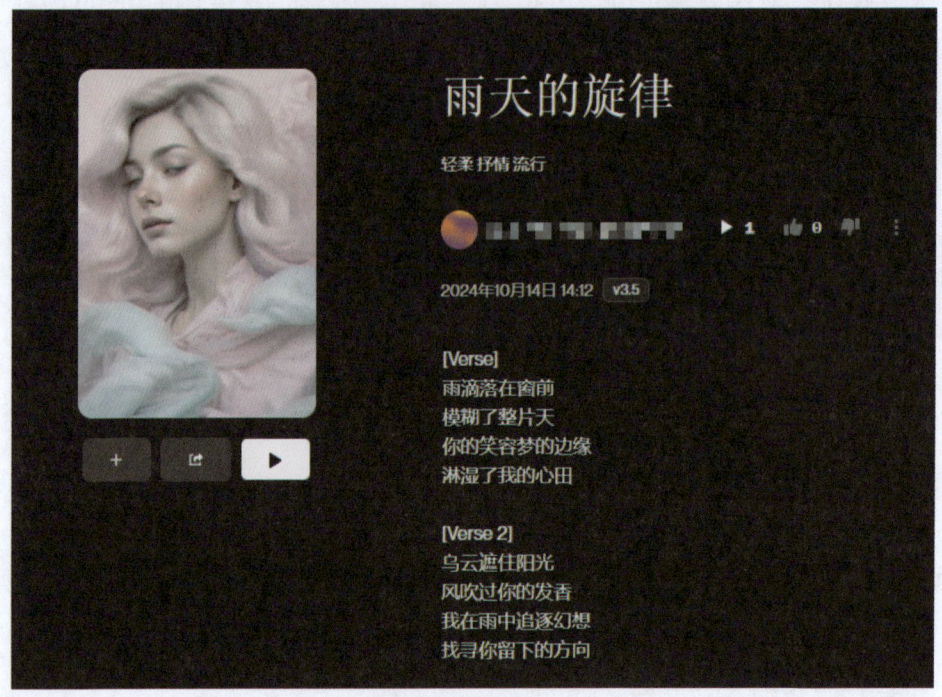

图 14-6 合并后的音频

097
上传音频进行创作

除了接续 AI 所生成的音乐内容，Extend 功能还可以将创作者上传的本地音频文件进行拓展。

首先创作者需要将本地的音频文件上传到 Suno 的服务器，上传按钮在创作模块，点击位于提示词输入框上方的"Upload Audio"，进入上传页面（图 14-7）。

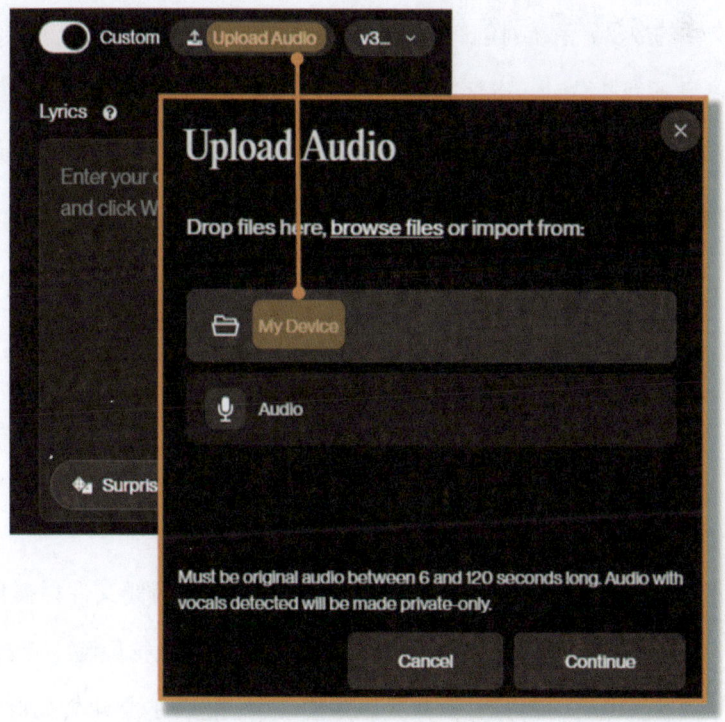

图 14-7 找到本地音频文件

文件上传页面总共可以选择两种音频文件的上传方式，一种是选择本地的文件进行上传，一种是录制新的音频文件。这里以本地文件为例，点击"My Device"，进入文件选择界面（图 14-8）。

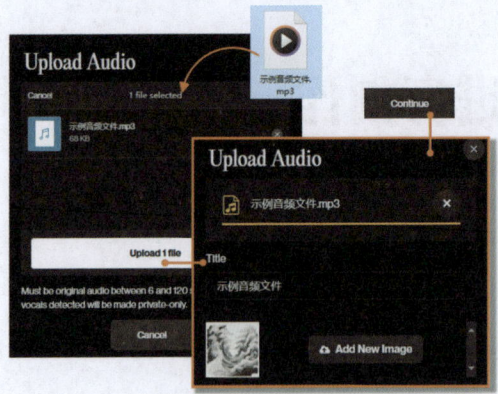

图 14-8 上传音频文件

在本地文件夹中找到音频文件并点击确定，上传界面会显示本次上传的文件名以及上传文件的数量。系统对创作者所上传的音频文件是有长度方面的限制的，最短为 6 秒，最长为 2 分钟。选择完毕后点击"Upload file"，界面上会显示上传进度，全部完成后可以更改文件在服务器端的名称，之后点击位于页面最下方的"Continue"按钮，进入版权声明页（图 14-9）。

图 14-9 上传成功

版权声明页面主要是一些版权声明，创作者上传的音频文件尽量使用自己创作的内容或者是一些明确的公版文件，不然后续会有法律风险。点击"Agree to Terms"，系统就会将音频文件存入收藏模块中。上传的文件会有特殊的标签"Uploaded"，表明音频文件的来源。

这之后的操作与歌曲拓展的操作是一样的，接下来的创作参考上一节的内容即可，最后将拓展文件与上传的源文件结合在一起就得到了一首完整的音乐作品。

098
歌曲裁切

Suno 还可以对已经生成的音频文件进行裁切，使用这个功能创作者可以切除掉乐曲中冗余的部分（图 14-10）。

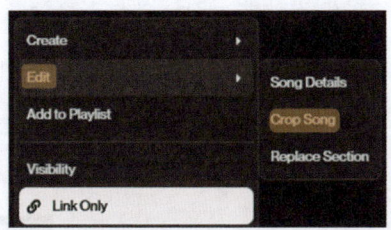

图 14-10 进入裁切功能

点击拓展编辑，在弹出菜单中依次选择"Edit"→"Crop Song"即可进入乐曲的裁切界面（图 14-11）。

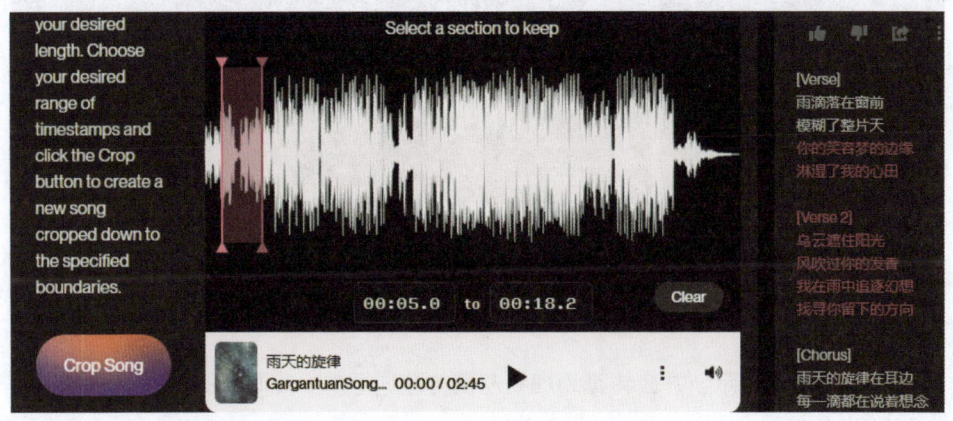

图 14-11 裁切界面

界面中间是这首曲子的音频波形，通过拖拽当中的选取图形即可选择需要切除的段落。波形图的下方显示的有当前所选片段的具体时序，右侧的提示词界面则会标记出当前片段包含有哪一部分的提示词，这些都是为了方便创作者定位裁切的位置。完成后点击"Crop Song"即可完成裁切。

099 替换某一段内容

在上一节的裁切界面中，细心的读者应该能够发现，除了 Crop 之外，界面中还显示了"Edit Song Details"和"Replace Section"两项功能。

Replace Section 是一项编辑功能，可让创作者替换歌曲的一部分。虽然 Crop 能够截断歌曲的开头或结尾，但 Replace Section 允许添加或删除中间部分、更改歌词等。Replace Section 的入口同样在拓展编辑的 Edit 菜单中，进入后的界面如图 14-12。

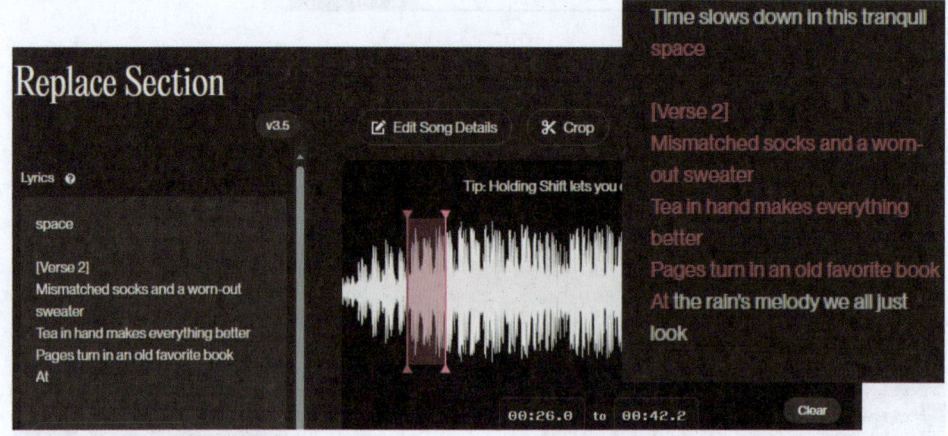

图 14-12 替换功能界面

在编辑界面中，单击波形图并进行拖拽即可选中需要替换的部分，同时原始歌词将在右侧突出显示，并会将其添加到左侧的歌词框中。此时我们就可以在歌词框中修改这部分的内容了，完成后点击下方的"Recreate Section"即可完成此次的修改。

之后系统会弹出确认界面，在完成修改前让创作者再次浏览修改内容，以防出现错漏（图 14-13）。确认无误后点击"Confirm"，结束整个流程。修改完毕后 AI 会生成两个版本的结果供创作者挑选，试听之后选出更优秀的版本，点击"Select"即可将其确定为最终的版本（图 14-14）。

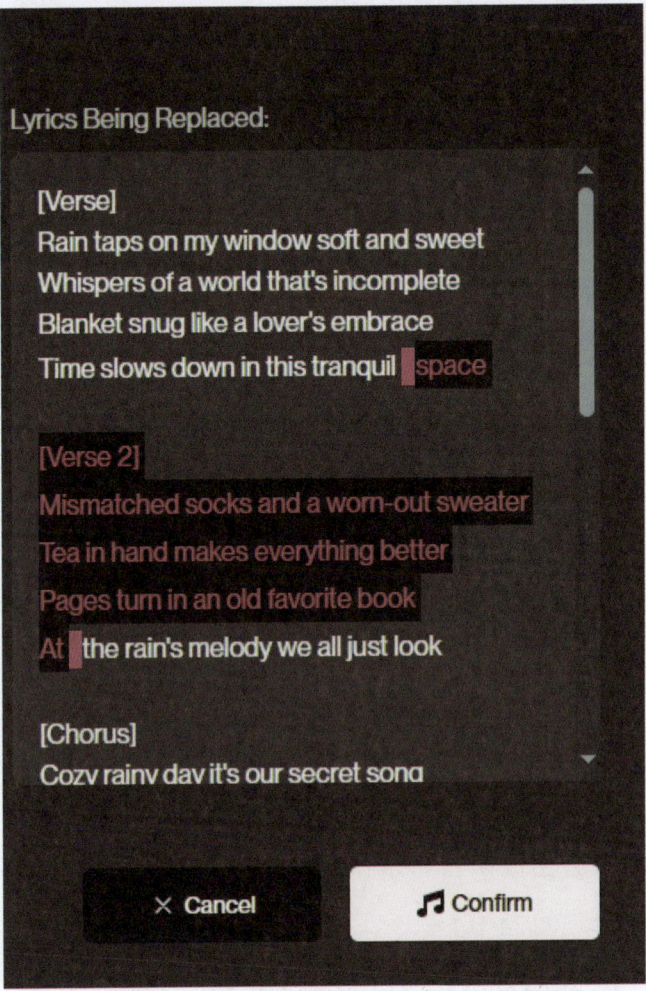

图 14-13 确认修改

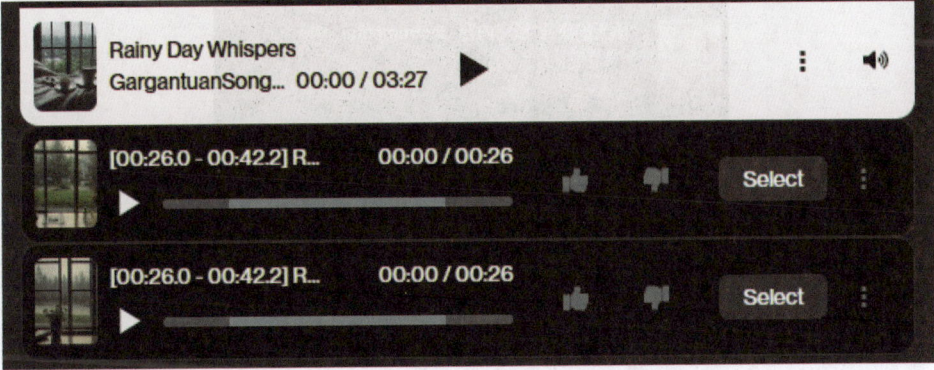

图 14-14 生成的修改结果

100
分离人声部分与器乐部分

假如创作者想要将乐曲中的人声部分与器乐部分分别进行存储,那么可以使用获取词干功能。功能的入口是拓展编辑→"Creat"→"Get Stems"(图14-15)。

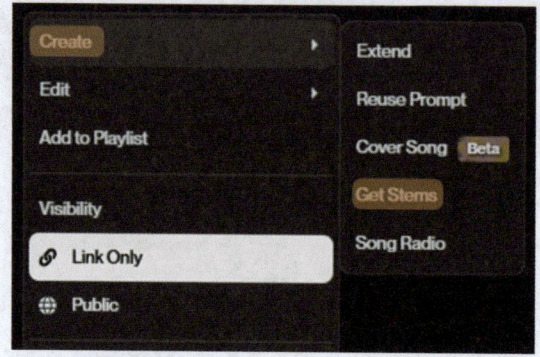

图 14-15 获取词干的功能入口

点击后 AI 将会生成两首音乐作品,分别是原曲的 Vocal 版本以及一个 Instrumental 版本(图 14-16)。

图 14-16 人声与器乐部分被分别保存

所生成的文件会被添加"Stem"的标记。当前版本的模型只能对已经生成的音频文件进行分离处理,而不是在创作阶段就分开进行创作,因此听起来可能并不完美,创作者可以将其当作一种结果控制的辅助手段来使用。

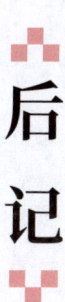

后记

  在数月前开始撰写这本书时，AI 技术的发展速度就已经令人瞠目结舌。而今，在写下这篇后记的时候，笔者不禁感叹：技术的进步远比我们想象得更快、更深远。

  这本书从构思到完成的过程，恰如其中所描述的 AI 辅助创作过程——充满挑战，却也妙趣横生。每一章节的写作都是对 AI 技术的重新认知，每一个案例的设计都是对创新可能性的探索。在写作过程中，笔者也经历了对待 AI 态度的转变。随着深入研究，笔者逐渐意识到，AI 更像是一面镜子，照出了人类创造力的本质。它强大却不全能，它可以辅助但无法替代人类的洞察力和情感深度。我们越是利用 AI，就越能认识到人类创意的独特价值。

  本书虽然聚焦于 AI 在多媒体创作中的应用，但其核心始终是关于创新和创造力。AI 技术的发展正在重塑创作的定义，它让我们重新思考什么是原创，什么是艺术，什么是人类独有的创造力。在这个过程中，我们不仅学会了新的技能，更重要的是，我们开始以新的方式思考和创造。

  展望未来，AI 技术必将继续以惊人的速度发展，今天的前沿技术，明天可能就会成为常态。但无论技术如何变革，创作的本质永远不变——那就是表达、沟通、感动。AI 是强大的工具，但真正的魔力来自使用这些工具的你我。

笔者希望这本书不仅能够为各位读者提供实用的技能，更能激发你们的创新思维。在这个 AI 与人类创意共舞的新时代，机遇与挑战并存，只有保持开放和学习的心态，勇于尝试，不断突破，才能在这个变幻莫测的时代中拥有自己的一席之地。

最后还要感谢所有为这本书付出努力的人，感谢每一位读者的支持和反馈。你们的洞见和创意让这本书变得更加丰富多彩。让我们一起，在这个 AI 驱动的新世界里，继续探索、创新，创造出更多令人惊叹的作品。

记住，技术永远在进步，但创意永恒。未来的画卷正在展开，而执笔者，正是拿着这本书的你。让我们一起，用 AI 和人类的智慧，描绘出一个更精彩的未来。

本书在写作过程中，使用 AI 软件或 ChatGPT 的问答截图均为自动生成，可能存在不足或错误之处，还请广大读者斧正。